# 新版
# シーケンス制御入門

坪井照雄 著

コロナ社

# ま　え　が　き

　この本は，工業高校，工専，大学で初めて自動制御を学ぶ人，または工場で初めて機械に接する新入技術者を対象にして，多くの例題をもとに解説したシーケンス制御の入門書である。

　工業技術の進展はますます加速している。なかでも制御技術は，工場ではFA化によって生産性や製品の品質を高め，単純作業や危険な労働から人間を解放した。家庭においてもワンタッチで炊事や洗濯ができるようになり，生活をますます便利にした。また，遠く宇宙まで数年がかりで探査機を飛ばして木星や金星の謎が解明されるようになり，人工衛星を使ったナビゲーションシステムで自動車の位置や道路状況などを簡単に知ることができるようになった。これらはすべて制御技術の賜物で，なかでもシーケンス制御はその中枢的役割を果している。

　「シーケンス制御入門」を上梓して，今日まで多くの方々に利用していただき，貴重なご意見をいただいた。しかし，年月の経過とともにシーケンス制御技術も進展し，JISの改訂で図記号なども変わって，内容的に変更する必要性を痛感していたところ，このたび，コロナ社より再度上梓の機会を得て，全面的に書き改めることにした。

　長年工業教育にたずさわって，技術革新に適応できる技術者の教育は，高度な空理空論ではなく，基礎をしっかり身につけることが新しい技術の独創性を養う，と強く感じてきたのである。

　これらの経緯に基づいて，容易にシーケンス制御技術が修得できるように基礎に重点をおき，多くの例題を採り入れて理解しやすいようにした。また，機械技術，電子技術および情報技術を融合したメカトロニクスの要素を随所に採り入れて，制御技術の理解を深めるとともに，メカトロニクスの入門書として

も利用できるよう配慮した。さらに練習問題を多くして，その解説を加え，進んで自学自習ができるようにした。なお，油圧，空気圧の制御系については専門外のため省略することにした。

　電気用図記号は JIS C 0617-1999 を採用した。ただし，現場で広く普及している旧 JIS C 0301 系列 2 は，現場の強い要望で改訂後の JIS に参考として併記されているので，本書では重要な回路図については，系列 2 の図記号を使った回路図を併記して，その互換性を理解できるようにした。

　無接点シーケンスは，図記号に MIL 記号を用い，論理回路の基礎に重点をおいた。また，リレーシーケンスと関連づけて理解できるようにした。

　おわりに，本書の執筆に当たって，諸先生方の諸書を参考にさせていただいたことに厚くお礼申し上げるとともに，刊行にご尽力いただきましたコロナ社に対して，深く感謝いたします。

2003 年 2 月

坪　井　照　雄

# 目　　次

## 1.　シーケンス制御の基礎

1.1　自動制御とは……………………………………………………………1
　1.1.1　シーケンス制御……………………………………………………2
　1.1.2　フィードバック制御………………………………………………4
1.2　新しいシーケンス制御…………………………………………………5
　1.2.1　プログラマブルコントローラ……………………………………6
　1.2.2　シーケンス制御とコンピュータ…………………………………6
1.3　リレーシーケンス制御…………………………………………………7
　1.3.1　電磁リレーの基礎…………………………………………………8
　1.3.2　リレーシーケンスの特徴…………………………………………10
1.4　無接点シーケンス制御…………………………………………………11
　1.4.1　無接点リレーの基礎………………………………………………11
　1.4.2　無接点シーケンスの特徴…………………………………………14
練　習　問　題………………………………………………………………14

## 2.　シーケンス制御用機器とその動作

2.1　操　作　用　機　器……………………………………………………16
　2.1.1　押しボタンスイッチ………………………………………………16
　2.1.2　切換スイッチ………………………………………………………17
2.2　検　出　用　機　器……………………………………………………18
　2.2.1　リミットスイッチとマイクロスイッチ…………………………19
　2.2.2　光電スイッチ………………………………………………………20

## 目次

 2.2.3　近接スイッチ …………………………………………………20
 2.2.4　温度スイッチ …………………………………………………21
 2.2.5　圧力スイッチ …………………………………………………22
 2.2.6　差動変圧器 ……………………………………………………23
2.3　制御用機器 …………………………………………………………23
 2.3.1　電磁リレー ……………………………………………………24
 2.3.2　タ　イ　マ ……………………………………………………27
 2.3.3　カ ウ ン タ ……………………………………………………29
2.4　駆動用機器 …………………………………………………………31
 2.4.1　電磁接触器 ……………………………………………………31
 2.4.2　電磁開閉器 ……………………………………………………31
2.5　保護用・表示用機器 ………………………………………………32
 2.5.1　サーマルリレー ………………………………………………32
 2.5.2　過電流遮断器 …………………………………………………32
 2.5.3　3 E リ レ ー ……………………………………………………33
 2.5.4　表示用機器 ……………………………………………………34
練 習 問 題 ………………………………………………………………34

## 3.　アクチュエータ

3.1　アクチュエータとは ………………………………………………36
 3.1.1　アクチュエータの種類 ………………………………………36
 3.1.2　アクチュエータの駆動素子とその回路 ……………………37
3.2　直 流 電 動 機 …………………………………………………………46
 3.2.1　原 理 と 構 造 …………………………………………………46
 3.2.2　直流電動機の種類と特性 ……………………………………47
 3.2.3　直流電動機の始動と速度制御 ………………………………50
3.3　交 流 電 動 機 …………………………………………………………52
 3.3.1　三相誘導電動機 ………………………………………………52

3.3.2 単相誘導電動機 …………………………………………………55
3.3.3 同期電動機 …………………………………………………56
3.4 ステッピングモータ …………………………………………………57
3.4.1 原　　　理 …………………………………………………57
3.4.2 ステッピングモータの種類と特性 …………………………58
3.5 サーボモータ …………………………………………………………59
3.5.1 サーボモータの特徴 …………………………………………59
3.5.2 直流サーボモータ ……………………………………………59
3.5.3 交流サーボモータ ……………………………………………60
3.6 その他のアクチュエータ ……………………………………………60
3.6.1 ソレノイド ……………………………………………………60
3.6.2 電磁弁 …………………………………………………………61
練習問題 ………………………………………………………………………62

## 4. シーケンス図の見方・書き方

4.1 リレーシーケンス図 …………………………………………………64
4.1.1 電気用図記号 …………………………………………………64
4.1.2 シーケンス図 …………………………………………………65
4.2 シーケンス図の見方・書き方 ………………………………………65
4.2.1 シーケンス図の書き方 ………………………………………65
4.2.2 シーケンス図の読み方 ………………………………………66
練習問題 ………………………………………………………………………67

## 5. シーケンス制御の基礎理論

5.1 シーケンス制御の信号 ………………………………………………68
5.1.1 ディジタル信号 ………………………………………………68
5.1.2 2進数と16進数 ………………………………………………68
5.1.3 10進数・2進数・16進数の相互変換 ………………………69

5.2 ブール代数 ……………………………………………………………… 74
　5.2.1 ブール代数とは ………………………………………………… 74
　5.2.2 ブール代数の公理と定理 ……………………………………… 76
　5.2.3 カルノー図 ……………………………………………………… 77
　5.2.4 ブール代数の演習 ……………………………………………… 80
　5.2.5 ブール代数とリレー回路 ……………………………………… 82
練習問題 …………………………………………………………………… 87

## 6. シーケンス制御の基本回路

6.1 リレーシーケンスの基本回路 …………………………………………… 90
　6.1.1 基本論理回路 …………………………………………………… 90
　6.1.2 自己保持回路 …………………………………………………… 92
　6.1.3 インタロック回路 ……………………………………………… 93
　6.1.4 タイマ回路 ……………………………………………………… 94
　6.1.5 優先回路 ………………………………………………………… 96
6.2 無接点シーケンスの基本回路 …………………………………………… 98
　6.2.1 ディジタルIC …………………………………………………… 98
　6.2.2 論理回路と論理記号 …………………………………………… 99
　6.2.3 ディジタルICによる基本回路 ……………………………… 106
　6.2.4 ディジタルICによる応用回路 ……………………………… 112
練習問題 …………………………………………………………………… 123

## 7. プログラマブルコントローラの基礎

7.1 プログラマブルコントローラとは …………………………………… 126
　7.1.1 PCの基本構成 ………………………………………………… 126
　7.1.2 PCの動作 ……………………………………………………… 127
7.2 PCのプログラム方式 …………………………………………………… 128
　7.2.1 ラダー図 ………………………………………………………… 128

7.2.2　シーケンスプログラミング……………………………………129
7.3　PCの選定と利用手順……………………………………………………133
　　7.3.1　PCの選定………………………………………………………133
　　7.3.2　PCの利用手順……………………………………………………134
練　習　問　題………………………………………………………………………134

## 8.　シーケンス制御の実際

8.1　電動機の制御……………………………………………………………135
　　8.1.1　三相誘導電動機の制御…………………………………………135
　　8.1.2　単相誘導電動機の制御…………………………………………141
　　8.1.3　無接点シーケンスによる電動機の制御………………………143
8.2　インバータ制御…………………………………………………………146
　　8.2.1　ルームエアコンとは……………………………………………146
　　8.2.2　ルームエアコンのインバータ制御……………………………146
練　習　問　題………………………………………………………………………148

## 9.　プログラマブルコントローラによる制御

9.1　シャッタの開閉制御……………………………………………………149
9.2　コンデンサモータの繰返し正転・逆転制御…………………………153
9.3　交通信号機の制御………………………………………………………156
　　9.3.1　交通信号機の制御………………………………………………156
　　9.3.2　押しボタン式横断歩道信号機の制御…………………………161
練　習　問　題………………………………………………………………………161

## 10.　エレベータの制御

10.1　エレベータの構成と制御回路…………………………………………163
　　10.1.1　エレベータの構成………………………………………………163
　　10.1.2　制御回路の構成…………………………………………………165

10.2 エレベータの制御 ……………………………………………166
　10.2.1 リレーシーケンスによるエレベータの制御 …………166
　10.2.2 無接点シーケンスによるエレベータの制御 …………168
　10.2.3 PCによるエレベータの制御 …………………………174
練 習 問 題 ……………………………………………………………176

## 11. マイコンによるシーケンス制御

11.1 マイコンとは ……………………………………………………178
11.2 マイコンの構成と動作 …………………………………………178
　11.2.1 マイコンの構成 ……………………………………………178
　11.2.2 マイコン構成要素の動作 …………………………………180
　11.2.3 インタフェース ……………………………………………183
11.3 マイコンによるアクチュエータの制御 ………………………186
　11.3.1 コンデンサモータの制御 …………………………………186
　11.3.2 三相誘導電動機の制御 ……………………………………187
　11.3.3 ステッピングモータの制御 ………………………………188
練 習 問 題 ……………………………………………………………189

参 考 文 献 ……………………………………………………………190
練 習 問 題 解 答 ……………………………………………………191
索　　　引 ……………………………………………………………208

# 1 シーケンス制御の基礎

　1765年ジェームズ・ワット（James Watt）は，蒸気機関を完成して，人間の労働を機械に置き換え，さらに調速機（governor）を発明して速度調整の自動化を成し遂げた。1890年ストロージャ（Strowger）は，自動電話交換機を発明して，人間の手をまったく借りずに仕事をすることに成功した。これが自動制御のはじまりである。

　その後，産業の発展にともない品質の良いものをより早く，より安く作るために工場の自動化が進められてきた。さらに電子技術の進歩とコンピュータの普及によって自動化が急速に進み，工場のFA（factory automation）など，近代産業には自動制御が不可欠なものとなった。なかでもシーケンス制御はIT（information technology）革命の先がけとして，あらゆる産業から日常生活にいたるまで発展普及して人間の生活と密接な関係にある。

## 1.1　自動制御とは

　電灯を点灯または消灯するために，スイッチを入れたり切ったりすることを**制御**（control）という。JISでは，つぎのように定義されている。制御とは「ある目的に適合するように，制御対象に所要の操作を加えること」をいう。

　電灯を点滅させるため，スイッチをON，OFFするような不連続な制御を**定性的な制御**という。これに対して，電灯の明るさを増したり，減らしたりするような連続的な制御を**定量的な制御**という。

　交通信号機のように，まったく人の手を借りないで，装置自身で信号を青→黄→赤とつぎつぎに変えていくことを**自動制御**（automatic control）といい，JISではつぎのように定義されている。自動制御とは「制御装置によって自動的に行われる制御」である。

一般に**オートメーション**（automation）ということばで広く知られている自動制御には，大別して**シーケンス制御**（sequential control）と**フィードバック制御**（feedback control）とがある。

### 1.1.1　シーケンス制御

シーケンス制御の身近な例として，全自動洗濯機の動作を調べてみる。全自動洗濯機は**図1.1**のような順序に従って，すべて自動で洗濯が行われる。

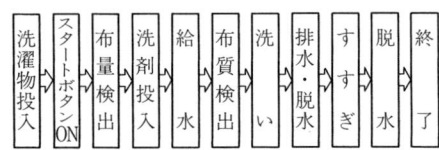

図1.1　全自動洗濯機の動作

動作の概要はつぎのとおりである。一般的な項目は省く。

（1）**布量検出**　スタートボタンを押すと，無水状態で数秒間洗濯物を回転させ，自動的に電源をOFFにする。モータは慣性で回転を続け，モータに起電力を発生する。起電力をパルス波に変換すると，布量が多いほどモータの速度が遅くなりパルス間隔が長くなる。そのパルスの周期が**マイクロコンピュータ**（microcomputer 以下**マイコン**という）に入力されると，マイコンが洗濯物の量（布量）と必要な水量および洗剤を算出してパネルに表示する。

（2）**布質検出**　低水位と高水位の2個所を水位センサで検出して，布量の検出と同様に誘導電圧のパルスの周期を測定して布質を検出する。マイコンがパルスの周期より洗濯の時間と水流の強さを算出する。低水位と高水位ではパルス周期が異なり，吸水性が大きい布はその差が小さい。したがって，吸水性が大きい柔かい布は水流を優しく，洗濯時間を短かくする。

（3）**洗い**　パルセータ（攪拌翼）が正転・反転を繰返すと，水流と洗剤の作用で衣類の汚れを落とす。水流の強・弱および正転・反転を切換えるときのモータの速度制御はインバータ制御で行う。所定時間経過するとパルセータを止め，排水弁（電磁弁）が開いて排水する。

（4）**脱水**　脱水槽を高速回転させて，その遠心力で衣類の水分を飛ば

す。衣類を傷めないために，インバータ制御で回転速度をゆっくり上昇させる。衣類が槽内で偏よると，アンバランス検知のセンサが働いて，再度給水して，パルセータを回転して偏っている衣類をほぐす。

洗濯の終了はブザーまたはメロディなどで知らせる。電源スイッチは自動的に切れる。

このようにして洗濯物と洗剤を入れ，スイッチを押すと洗濯は全部自動で行われる。この全自動洗濯機のように，あらかじめ定められた時間的な作業順序に従って，各装置が自動的に作業を進めていくような制御方式を**シーケンス制御**という。

**JIS 自動制御用語**では，つぎのように定義されている。シーケンス制御とは「**あらかじめ定められた順序，または手続きに従って，制御の各段階を進めていく制御**」である。

自動販売機，交通信号機，ネオンサイン，エレベータ，トランスファマシン，産業用ロボットなどは，シーケンス制御を応用したものである。

シーケンス制御では，動作をつぎの段階へ進める方法に，つぎの三つの場合がある。

（ⅰ）所定時間が経過，または定刻に達したとき，つぎの動作へ進む。
　　　（全自動洗濯機，交通信号機など）
（ⅱ）一定の条件を満たしたとき，つぎの動作へ進む。
　　　（トランスファマシン，NC工作機械など）

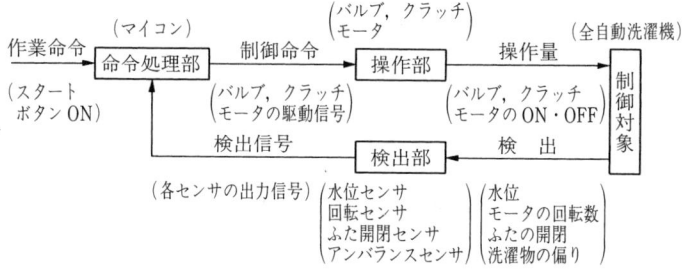

図1.2　シーケンス制御系の構成

4 　1．シーケンス制御の基礎

（ⅲ）前の動作の結果に応じて，つぎの動作へ進む。

　　　（自動販売機，エレベータなど）

**図1.2**にシーケンス制御系の構成を示す。（　）内は全自動洗濯機を対応させた内容である。なお，交通信号機のように検出回路を持たない制御系もある。

### 1.1.2　フィードバック制御

**フィードバック制御**とは，**制御量**（controlled variable）を測定して，その測定値とあらかじめ設定した目標値を比較して，その差がなくなるように修正する制御方式である。

フィードバック制御の例として，直流発電機の定電圧制御について考えてみる。**図1.3**(a)は制御回路図で，図(b)はその**ブロック線図**（block diagram）である。

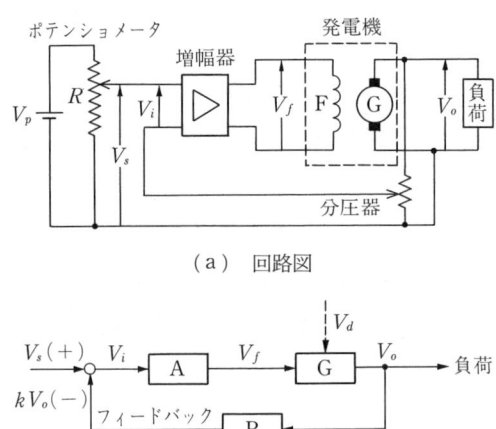

(a)　回路図

(b)　ブロック線図

A：増幅器　　G：発電機　　P：分圧器　　$V_s$：目標値　　$V_o$：制御量
$V_i$：偏差　　$kV_o$：フィードバック量　　$V_f$：操作量　　$V_d$：外乱

**図1.3**　直流発電機の定電圧制御回路

図(a)において，ポテンショメータは高精度の可変抵抗器 $R$ を使って，電源電圧 $V_p$ 以下の任意の電圧を取り出すことができる。A は増幅器，F は発電機の界磁コイル，G は発電機の電機子である。$V_s$ は目標としている設定電圧

でこれを**目標値**（desired value）という。また，$V_i$ は目標値と制御量に比例したフィードバック量との差で**偏差**（deviation）といい，次式で表す。

$$V_i = V_s - kV_o$$

負荷の変動や発電機を駆動する原動機の速度変動によって，発電機の出力電圧は変化する。このように，制御量を変化させる原因となるものを**外乱**（disturbance）という。

フィードバック制御系の基本的構成を図 1.4 に示す。図の（　）内の項目は図 1.3(a) 直流発電機の定電圧制御を例にしたものである。

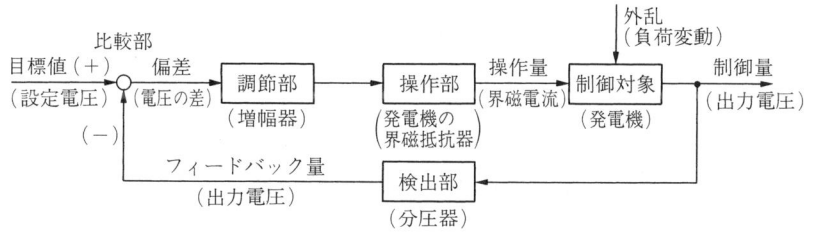

図 1.4　フィードバック制御系の構成

図のように，つねに制御量（発電機の出力電圧）が目標値（設定電圧）より大きいか小さいかを比較して，その偏差（設定電圧と出力電圧の差）が小さくなるように制御対象（発電機）を調整する訂正動作をフィードバック制御という。

一般にフィードバック制御は，偏差を求めるのに (+) の目標値に (−) の制御量を加えるので，負のフィードバック（negative feedback）となる。また，図 1.3(b) のように出力信号を入力側へフィードバックするために系が閉ループをつくるので，**閉ループ制御**（closed loop control system）という。これに対して，シーケンス制御では図 1.1 の全自動洗濯機のように，系が開かれたループを形成するので，**開ループ制御**（open loop control system）という。

## 1.2　新しいシーケンス制御

シーケンス制御は長い歴史を経て，制御技術および電子技術の進歩ととも

に，制御機器やそれをあつかうソフトウェアが長足の進歩を遂げた。長い間，制御機器の中心であった電磁リレーから電子機器に移行して，エレベータの機械室や電話交換機室で偉容を誇った制御盤はかげをひそめ，代わってコンピュータ技術を導入した新しいコントローラやマイコンとリンクしたシーケンス制御へ発展している。

### 1.2.1 プログラマブルコントローラ

シーケンス制御にコンピュータ技術を導入した新しい制御機器に**プログラマブルコントローラ**（programmable controller）がある。一般に **PC** または商品名のシーケンサで知られている。

これは，1970年頃，アメリカの自動車メーカ GM 社から，リレー制御盤に代わる新しいコントローラとして開発されたもので，制御内容はプログラムとしてメモリに格納し，制御内容の変更や修正は配線を変えなくても簡単に対応できる。小形で操作も簡単であるから単一の工作機械からシステム全体の FA まで幅広く使用されている。

図 **1.5** に PC の概要を示す。PC の構成，動作，プログラミングなどについては 7 章で述べる。

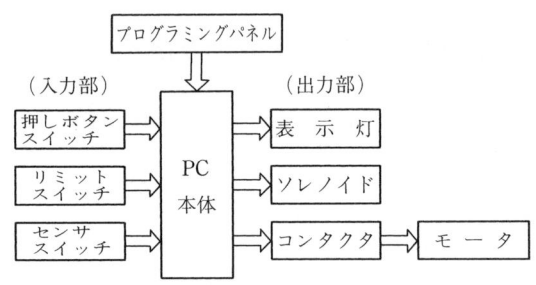

図 **1.5** プログラマブルコントローラ（PC）

### 1.2.2 シーケンス制御とコンピュータ

コンピュータ技術の進展は日進月歩で，ことに制御用コンピュータは FA 用コンピュータからボードコンピュータそしてワンチップマイクロコンピュータとますます小形になり，しかも機能は高まり，安価になった。したがって，家

庭電気機器や産業機器など多くの機器に組み込まれて，制御の中枢になっている。PCもコンピュータ内蔵形コントローラである。今後は，コンピュータの発展とともに，シーケンス制御はもとより，すべての制御システムにコンピュータが利用されるであろう。図1.6にコンピュータによるシーケンス制御の構成を示す。

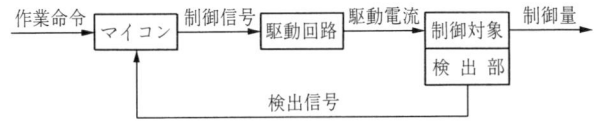

図1.6　コンピュータによるシーケンス制御の構成

エレベータのコンピュータ制御の概容を図1.7に示す。10章でエレベータの制御について詳しく述べる。

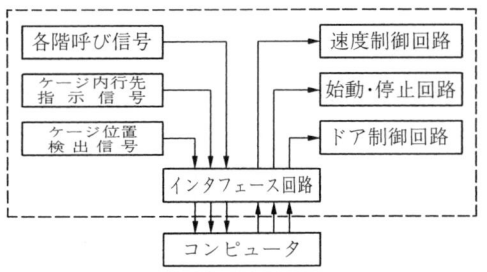

図1.7　エレベータのコンピュータ制御

## 1.3　リレーシーケンス制御

電磁リレーを主体に構成されたシーケンス制御を**リレーシーケンス制御**（relay sequential control），略して**リレーシーケンス**（relay sequence）という。シーケンス制御のはじまりは，電磁リレーを主体に開発された自動電話交換機である，といわれている。無接点リレーが開発されるまでは，電磁リレーがシーケンス制御の主導的役割を果たしてきた。したがって，電磁リレーを一般にリレーという。また，電磁継電器ともいう。

図1.8はリレーシーケンスの一例で，テレビのクイズ番組でよく使われる回路である．解答者が3人いて，答がわかった解答者が手元の押しボタンを押すとき，最も早く押した人のランプだけを点灯させる制御回路である（ここでは，点灯回路および付属回路が省略されている）．

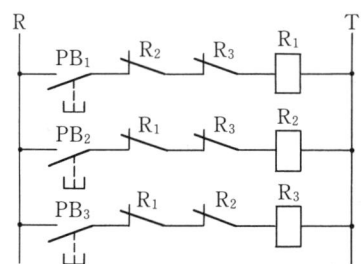

図1.8　リレーシーケンスの例
（先行動作優先回路）

リレーシーケンスは，図のように電磁リレーによって制御回路が構成されている．応用回路とその動作については，6章で詳しく述べる．

### 1.3.1　電磁リレーの基礎

**（1）電磁リレーの動作原理**　電磁リレーは，電磁力を利用して，可動接点のスイッチング作用で電気回路の開閉を行う制御機器である．図1.9は，最も多く利用されているヒンジ形リレーの動作原理図である．コイルに制御電流を流して，その電磁力で可動鉄片を吸引し，これと連動する可動接点が回路の開閉を行う．制御電流を切るとばねの力で復帰する．

コイルに電流を流すと接点が閉じ，電流を切ると開く接点を**a接点**または

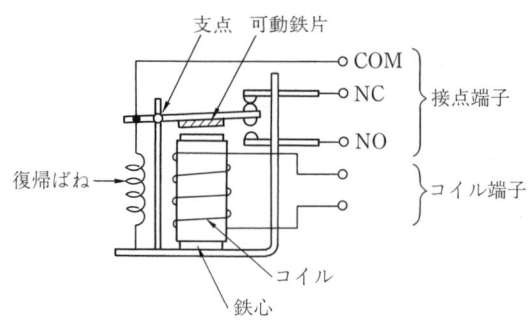

図1.9　ヒンジ形リレーの
動作原理図

NO接点（normally open contact）という．また，回路をつくるという意味で**メーク接点**（make contact）ともいう．

逆に，コイルに電流を流すと接点を開き，電流を切ると閉じる接点を**b接点**，または**NC接点**（normally close contact）という．また，回路を切るという意味で**ブレーク接点**（break contact）ともいう．**COM**（common）は，NO接点とNC接点の共通端子である．また，図のようにa接点とb接点を組合せて，切換えることができる接点を**C接点**（change over contact）または**トランスファ接点**（transfar contact）ともいう．これは一つのスイッチでa接点にもb接点にも使用できる．a接点とする場合はCOMとNO端子を用い，b接点とする場合はCOMとNC端子を用いる．

なお，コイルに電流を流すことを，リレーを励磁するといい，電流を切ることを消磁するという．したがって，リレーを励磁するとa接点はON，b接点はOFFとなり，消磁するとa接点はOFF，b接点はONとなる．

図1.10は，**ヒンジ形リレー**の内部接続図である．接点構成は2C（C接点が2組）で，①，⑧がCOM端子，③，⑥がa接点，④，⑤がb接点の端子で，②，⑦がコイルの端子である．これは裏面からみた配置で，一般に裏面配置図を用いる．また，直流用は②を(−)極，⑦を(＋)極とする．

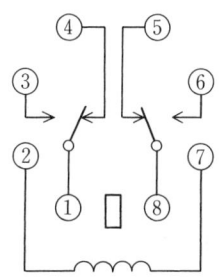

**図1.10** ヒンジ形リレーの内部接続図

**（2） 電磁リレーの機能**　電磁リレーは接点を開閉する単純な動作であるが，制御に便利ないろいろな機能を持っている．

**（a） 変換機能**　電磁リレーは，入力側と出力側が絶縁されているので，直流回路で交流回路を，またその逆の制御や操作が可能である．

（b）**増幅機能**　電磁リレーは，励磁に要する電圧，電流の値よりかなり大きな値の回路を開閉することができるから，小信号で大電力を制御する増幅機能を持っているといえる。

（c）**分岐機能**　電磁リレーは，一般に一つの入力回路に対して，2個以上の出力回路をもつことができる。したがって，一つの信号で複数の回路を同時に開閉することができる。a接点，b接点それぞれ2個もっているリレーを2a2bの接点構成という。

### 1.3.2　リレーシーケンスの特徴

リレーシーケンスは，制御回路が簡単で，固有なシーケンスを組立てる場合に有利で，固定配線方式となる。固定配線方式では，シーケンスの推移と制御機器の動作との対応が容易にチェックできるので異常個所の検出や保守が容易で，初心者でも対応できる。

電磁リレーと無接点リレーを比較した場合の電磁リレーの得失をあげるとつぎのようになる。

（1）**電磁リレーの長所**
（ⅰ）　過負荷耐量が大きい。
（ⅱ）　開閉負荷容量（接点の遮断容量）が大きい。
（ⅲ）　電気的ノイズに対して安定である。
（ⅳ）　温度特性が良い。
（ⅴ）　動作状態の確認が容易である。
（ⅵ）　入力と出力が電気的に分離（絶縁）できるので，直流と交流，電圧の大小の変換が可能である。
（ⅶ）　小入力で大電力を制御できる増幅機能がある。
（ⅷ）　一つの入力信号で，独立した多数の出力回路を同時に制御できる分岐機能がある。

（2）**電磁リレーの短所**
（ⅰ）　動作が遅い。数 ms が限度である。
（ⅱ）　接点の消耗や摩耗があるため寿命に限界がある。

(iii) 消費電力が比較的大きい。

(iv) 機械的振動，衝撃，引火性ガスなどに比較的弱い。

(v) 外形の小形化に限界がある。

## 1.4　無接点シーケンス制御

半導体でできた**無接点リレー**（static relay）を主体に構成したシーケンス制御を無接点シーケンス制御という。コンピュータ技術を導入した新しいコントローラ（PC）が普及し，シーケンスの変更が容易になって，固定配線方式からプログラム方式に変わり，ハードウェアを構成するリレーもIC化されて非常に小形になった。

### 1.4.1　無接点リレーの基礎

ダイオードやトランジスタあるいはICなど，半導体でできている論理素子を無接点リレーという。ダイオードやトランジスタはスイッチング作用を行うことができる。したがって，接点がなくても電磁リレーと同じように，電気回路を開閉・制御することができるのでこの名がある。

**(1) ダイオードのスイッチング作用**　　**ダイオード**（diode）は図1.11のように，**アノード**（anode）Aと**カソード**（cathode）Kの二つの電極を持ち，一方向だけ電流を通すという性質をもった半導体素子である。

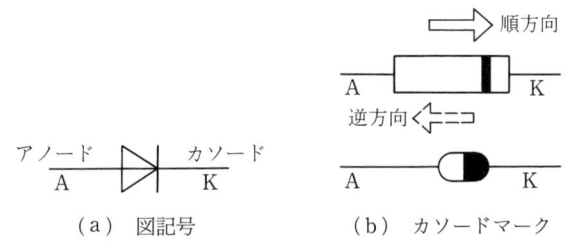

(a) 図記号　　　　　(b) カソードマーク

図1.11　ダイオード

図1.12において，図(a)のように，ダイオードに順方向電圧を加えると電流が流れて，回路的に図(b)と同じ状態になり，ダイオードがスイッチを閉じたはたらきをする。また，図(c)では，ダイオードは逆方向電圧に対しては電

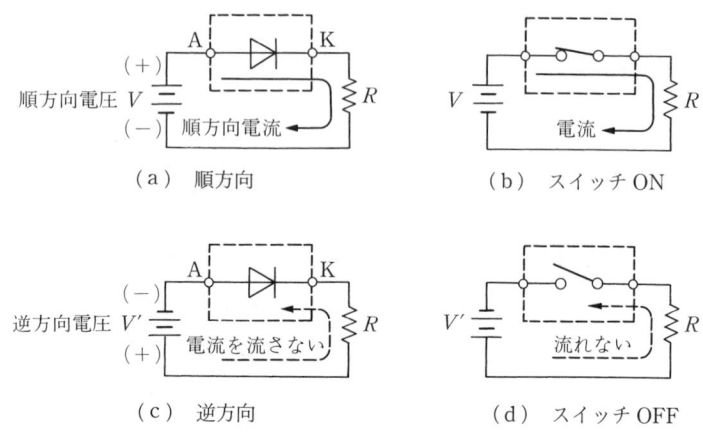

図1.12 ダイオードのスイッチング作用

流を流さないから図(d)のように，スイッチを開いた状態と同じになる。ダイオードのこのような動作を**スイッチング作用**という。これはダイオードの整流作用を利用したものである。

（2）**トランジスタのスイッチング作用**　**トランジスタ**（transistor）は，半導体中の電子の動作を制御して，増幅，記憶，スイッチングなどの作用をさせる回路素子である。トランジスタは**図1.13**のように，**エミッタ**（emitter）E，**ベース**（base）B，**コレクタ**（collector）Cの三つの電極を持つ。

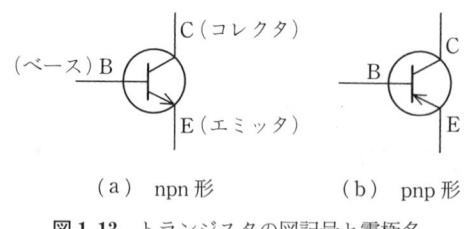

図1.13　トランジスタの図記号と電極名

エミッタEは，**キャリヤ**（carrier）を供給する電極で，コレクタCはキャリヤを受け取る電極である。ベースBは，半導体中を通過するキャリヤをコントロールする。キャリヤとは，電荷を運ぶ役目をするもので，半導体では電

子とホールがそのはたらきをする。n形半導体は電子が多数存在するので，n形半導体の電子を**多数キャリヤ**という。また，n形半導体には，常温で少量の**正孔**（hole）が存在するので，n形半導体の正孔を**小数キャリヤ**という。p形半導体では，正孔を多数キャリヤ，電子を少数キャリヤという。

図 1.14 は npn 形トランジスタの動作を表す原理図である。

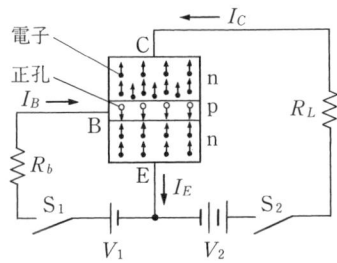

図 1.14　npn 形トランジスタの原理図

〔動作説明〕

（ⅰ）スイッチ $S_1$, $S_2$ がともに OFF の場合　B-C 間および B-E 間の pn 接合に**空乏層**（depletion layer）ができてキャリヤが移動できないので，コレクタ電流 $I_C$ もベース電流 $I_B$ も流れない。

（ⅱ）$S_1$：OFF，$S_2$：ON の場合　$V_2$ が B-E 間の pn 接合に対して順方向電圧となるが，B-C 間に対して逆方向電圧となるため，$I_C$ も $I_B$ も流れない。

（ⅲ）$S_1$, $S_2$ がともに ON の場合　$V_1$ が B-E 間の pn 接合に対して順方向電圧となるため，エミッタ領域の電子が空乏層を越えてベース領域へ流れ込む。一部の電子は，ベースの電極(+)に到達してベース電流 $I_B$ となるが，ベースに移動した大部分の電子は，ベースの厚みが非常に薄いためにコレクタ領域へ流れ込む。そして，コレクタの電極(+)に到達してコレクタ電流 $I_C$ が流れる。

このようにして，ベース電流 $I_B$ がコレクタ電流 $I_C$ を流すきっかけをつくる。すなわち，$I_B$ によって，$I_C$ を流したり止めたりすることができるので，これをトランジスタのスイッチング作用という。

ダイオードおよびトランジスタのスイッチング作用を利用して，多くの論理回路がつくられている。

### 1.4.2 無接点シーケンスの特徴

半導体論理回路を主体にした無接点シーケンスは，電磁リレーのような接点がなく，機械的な機構を有しないため，寿命が長く，高頻度の使用に耐え，動作速度が非常に速い。また，コンピュータ技術の導入によって，プログラム方式を取り入れて，シーケンスの変更をきわめて容易にした。

電磁リレーと比較した場合の無接点リレーの得失はつぎのとおりである。

**（1） 無接点リレーの長所**
（ⅰ） 寿命が非常に長い。
（ⅱ） 動作速度がきわめて速く，数 ns（$10^{-9}$ 秒）で動作する。
（ⅲ） 回路が IC 化されて，装置が小形にできる。
（ⅳ） 消費電力が少ない。
（ⅴ） 接点がないので，保守が容易である。

**（2） 無接点リレーの短所**
（ⅰ） 主回路とは別に直流安定化電源が必要である。
（ⅱ） 入力と出力回路が電気的に絶縁されないので，ホトカプラなどの絶縁形インタフェースが必要である。
（ⅲ） 電気的ノイズやサージに弱い。
（ⅳ） 動作状態の確認に表示装置が必要である。
（ⅴ） 周囲の温度上昇に注意を要する。

―――――――――― 練 習 問 題 ――――――――――

1.1 JIS で定められている制御の定義を述べよ。
1.2 JIS で定められているシーケンス制御の定義を述べよ。
1.3 シーケンス制御において，制御の各段階を，所定の時間が過ぎるとつぎの動作へ進める制御の例を二つあげよ。
1.4 シーケンス制御とフィードバック制御の相違点をあげよ。
1.5 つぎに示す制御の例をシーケンス制御とフィードバック制御に分けよ。

練習問題

- （a） エアコンによる室内温度の制御
- （b） 交通信号機の制御
- （c） 自動販売機の制御
- （d） 電動機の速度制御
- （e） 電気炊飯器の制御
- （f） エレベータの制御
- （g） 自動包装機の制御

1.6 ガソリンエンジンの自動車を時速 40 km/h で運転したい。つぎの項目に該当する自動制御用語を □ 内に記入せよ。
- （a） 自動車 = □
- （b） 時速 = □
- （c） アクセルの踏みしろ = □
- （d） 40 km/h = □

1.7 プログラマブルコントローラ（PC）とコンピュータとの類似点をあげよ。

1.8 家庭用電気機器の制御にマイコンが利用されている例をあげよ。

1.9 電磁リレーのコイルを励磁すると，つぎの動作をする接点の名称を記せ。
- （1） 開く接点
- （2） 閉じる接点
- （3） 切換わる接点

1.10 電磁リレーのコイルを消磁したとき，閉じる接点で正しいのはどの組合せか。
- （1） NO-NC 間
- （2） COM-NO 間
- （3） COM-NC 間

1.11 電磁リレーと無接点リレーを比較した場合，電磁リレーの長所について述べよ。

1.12 トランジスタのスイッチング作用は，トランジスタのどのような特性を利用したのか，簡単に説明せよ。

1.13 無接点リレーを電磁リレーと比較した場合，その長所について述べよ。

# 2 シーケンス制御用機器とその動作

　シーケンス制御に必要な機器を機能別に分類して，その種類，原理，構造，動作などについて述べる。制御技術の進展とともに，新しい機器がつぎつぎと開発されているが，できるだけ新しい基本的なものを，例をあげて説明する。

## 2.1 操作用機器

　操作用機器は，シーケンス制御システムに始動，停止などの作業命令を伝えるもので，各種の押しボタンスイッチや切換スイッチなどがある。

### 2.1.1 押しボタンスイッチ

　押しボタンスイッチは，操作用のスイッチとして最も多く使用されている。ボタンを押したときの接点の動作のしかたによって，自動復帰接点と残留接点がある。押しボタンスイッチをボタンスイッチともいう。

　自動復帰接点は，人の力で動作し，ばねの力で復帰する。接点には，押すと閉じるa接点と，押すと開くb接点とがある。接点の名称は電磁リレーと同じである。玄関のインタホンに使われている押しボタンスイッチは，自動復帰接点である。

　残留接点は，ラッチ機構を内蔵しているので，ボタンを押すとa接点はON，b接点はOFFの状態となり，ボタンから手を離しても，接点はその動作を保持する。ボタンだけはばねの力で元の位置へ復帰する。もう一度ボタンを押すと，ラッチが外れて接点は元の位置に戻る。残留接点は，閉じているか開いているか，動作の状態がわからないので，LEDなどを内蔵した照光式が

用いられる。テレビやラジオの押しボタンスイッチは残留接点である。

押しボタンスイッチは操作用スイッチとして広く利用されているのでその種類も多い。**図2.1**はその一例である。図(a)は基本形で、図(b)はマイクロスチッチを組合せたもので、確実に動作する特長がある。図(c)は照光式である。

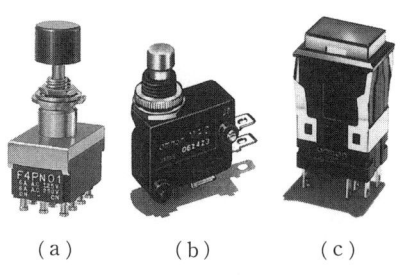

図2.1 押しボタンスイッチの例

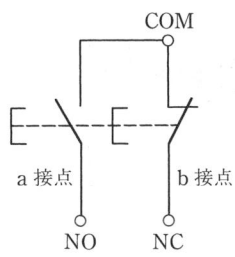

図2.2 押しボタンスイッチの構成

なお、**図2.2**のようにa接点とb接点を連結させたものが多い。これはa接点、b接点およびc接点として使うことができる。**表2.1**に押しボタンスイッチの図記号を示す。旧図記号を併記する。

表2.1 押しボタンスイッチの図記号

| 名称 | 自動復帰接点 | | 残留接点 | |
|---|---|---|---|---|
| a接点 | | | | |
| b接点 | | (旧図記号) | | (旧図記号) |

## 2.1.2 切換スイッチ

切換スイッチは、電動機の正転・逆転を選択したり、手動・自動操作の切換えなどに広く使用されている操作用スイッチで、セレクトスイッチ、カムスイ

18   2. シーケンス制御用機器とその動作

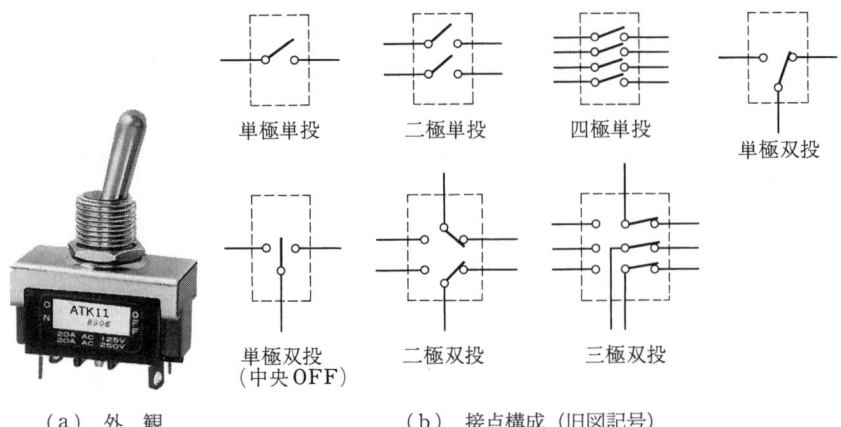

(a) 外観　　　　　(b) 接点構成（旧図記号）

図2.3　トグルスイッチ

表2.2　トグルスイッチの図記号

| 名称 | トグルスイッチ | |
|---|---|---|
| 単極単投形 | | |
| 単極双投形 | | (旧図記号) |

ッチ，トグルスイッチなどがある。

　図2.3(a)はトグルスイッチの例で，図(b)は接点構成である。表2.2にトグルスイッチの図記号を示す。

## 2.2　検出用機器

　人間の目，耳，皮膚などの感覚器官に相当する機器を**センサ**（sensor）という。力，光，温度などの物理量を電気信号に変換して出力するもので，ロボットの動作範囲などを決めるリミットスイッチ，移動物体の有無や計数を行う光

電スイッチおよび近接スイッチ，冷蔵庫や室内温度の制御に利用する温度スイッチ，全自動洗濯機の水量を計測する圧力スイッチなどはすべてセンサである。光電スイッチ，近接スイッチおよび圧力スイッチをそれぞれ，光電センサ，近接センサ，圧力センサともいう。

### 2.2.1 リミットスイッチとマイクロスイッチ

**リミットスイッチ**（limit switch）は，シーケンス制御の触覚の役目をするもので，搬送物体の有無や移動物体の位置などを検出する接触形検出スイッチである。これは，マイクロスイッチをダイキャストケースに封入して，機械的に強く，防滴，防塵などの対策を施して，一般の機械に使用できるようにしたものである。図2.4 はその一例である。図2.5 にマイクロスイッチの内部構造を，表2.3 にリミットスイッチの図記号を示す。

図2.4　リミットスイッチの例

表2.3　リミットスイッチの図記号

| 名称 | リミットスイッチ ||
|---|---|---|
| a接点 | | |
| b接点 | | |
|  | | (旧図記号) |

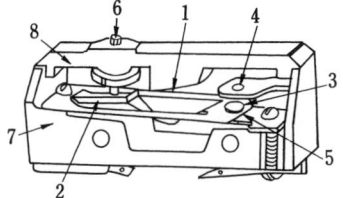

| 1 | 可動スプリング | 5 | 固定接点(b) |
|---|---|---|---|
| 2 | 受金 | 6 | 押しボタン |
| 3 | 可動接点 | 7 | ケース |
| 4 | 固定接点(a) | 8 | カバー |

図2.5　マイクロスイッチの内部構造

### 2.2.2 光電スイッチ

光の有無や情報を電気信号に変換する素子を**光センサ**（optical sensor）という。光センサを利用して物体の検出などを行う装置が**光電スイッチ**（photoelectric switch）である。これは，発光素子から可視光線，赤外線などの光を発射し，検出物体で反射あるいは遮光された光量の変化を受光素子が電気信号に変換して，検出物体の有無，状態などを検出する。

一般に発光素子は，可視光線 LED に比べて透過力が強く，光の出力が大きい赤外線 LED が使用される。受光素子は，ホトトランジスタが利用される。図 2.6(a) はホトダイオードと増幅回路を IC 化したホト IC である。図(b)は，発光素子と受光素子を組込んだホトインタラプタの例である。

(a) ホト IC   (b) ホトインタラプタ

図 2.6 光電スイッチの例

光電スイッチは，光を利用するので応答が速く，動作距離が長くとれて検出精度も高いので制御には欠かせないセンサである。用途は，移動物体の検出・計数のほか，組立部品の位置やねじ穴の位置の検出，ベルトコンベヤ上の品物の選別，さらにプリント基板の検査などにも応用されている。

### 2.2.3 近接スイッチ

**近接スイッチ**（proximity switch）は，検出物体が近づくと磁界または電界が変化する現象を応用した非接触形の検出用スイッチである。光電スイッチと同じように，機械的な接点を持たないため，応答速度が速く，動作が安定で寿命が長いなどの特長がある。検出方法の違いにより，高周波発振形と静電容量形がある。

（1）**高周波発振形近接スイッチ**　図 2.7 に回路構成を示す。検出コイル

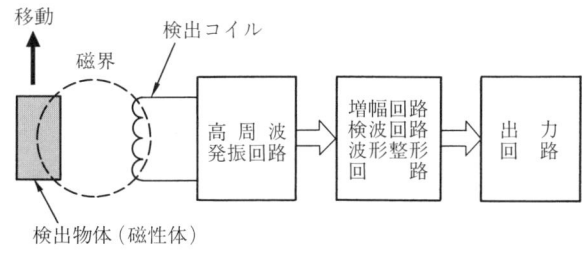

図 2.7　高周波発振形近接スイッチの回路構成

より高周波磁界を発生する。検出物体（金属）がこの磁界に近づくと電磁誘導作用により検出物体に渦電流が流れる。すると検出コイルのインピーダンスが変化して，発振が停止することで検出できる。非金属物体の場合はアルミはくを検出物体にはって用いることができる。

（2）**静電容量形近接スイッチ**　電界中に物体（誘電体）が近づくと静電容量が変化することを応用したセンサである。回路構成は高周波発振形とほぼ同じで，検出コイル（発振コイル）の代わりに検出電極板を接続する。これは，高周波電界による誘電体中の分極現象を応用したもので，紙，木材，プラスチック，液体などの誘電体（絶縁体）を検出することができる。

### 2.2.4　温度スイッチ

温度スイッチは温度を感知する温度センサとリレーで構成されている。温度調節器も温度スイッチの一種である。

温度を検出する温度センサには，接触形と非接触形がある。サーミスタ，熱電対などは接触形で，焦電形センサは非接触形である。

**サーミスタ**は，温度を感知する半導体で，温度の変化によって電気抵抗が大きく変化することを応用したものである。材料は，Mn，Ni，Co などの金属酸化物を主成分とした半導体である。広く使用されている**セラミックサーミスタ**は，これらの材料を高温で焼結して作られ，材料の成分割合や焼結条件などによって特性が異なる。

**CTR**（Critical Temperature Resistor）**サーミスタ**は，特定の温度範囲で温度上昇とともに電気抵抗が急に減少する性質を利用して温度警報装置などに

用いられる。

**PTC**（Positive Temperature Coefficient）**サーミスタ**は，特定の温度で，温度上昇とともに急激に電気抵抗が増加する。これは，ドライヤ，電子ジャーなどの温度スイッチに多く用いられている。

**焦電形センサ**（pyroelectric sensor）は，物体の赤外線放射を利用したもので，人が近づくと動作する廊下灯などの自動点滅器，自動ドア，節水トイレなどに使用されている。これは，自然界のあらゆる物体（特に生物）はその温度に応じた赤外線を放射していることを応用したものである。放射する赤外線の波長は，近接物体の温度が高いほど短かくなる。人間が近づくと，人体から放射している赤外線を検出して自動的にドアを開いたり，廊下灯を点灯させることができる。侵入者を検知して警報を発することも簡単にできる。焦電形センサは，物体が放射する赤外線を検出するため光源が不要で，しかも非接触形であるから用途は広い。

### 2.2.5　圧力スイッチ

圧力も温度とともに制御系における検出対象である。一般に圧力を検出するセンサを**圧力スイッチ**（pressure switch）または**圧力センサ**という。これは，コンプレッサの空気圧や洗濯機の水位などの検出，または油圧，空気圧の安全装置などに使用されている。

圧力を検出する素子には，ダイアフラム，ベローズ，ブルドン管，ストレーンゲージなどがある。

**ダイアフラム**（diaphragm）形は，ステンレス鋼などの金属，またはゴムなどの弾性材料でできている隔離用の膜板が圧力に応じて変形することを利用したものである。変形量をストレーンゲージで電気信号に変換して圧力を検出する。ちなみに，人間の横隔膜をダイアフラムという。**図2.8**はダイアフラム形圧力スイッチの一例である。

**ストレーンゲージ**（strain gauge）は，引張り，圧縮，曲げなどの圧力の測定に用いられる。これは，金属にひずみが加わると電気抵抗が変化することを応用したもので，**ひずみゲージ**ともいう。

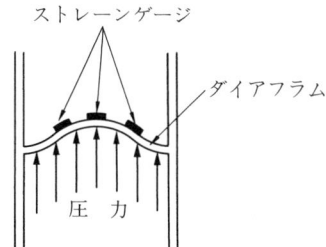

図 2.8 ダイアフラム形
　　　　圧力スイッチ

### 2.2.6 差動変圧器

**差動変圧器**（differential transformer）はインダクタンスの変化を利用した変位センサで，微小変位の検出に広く使用されている。**図 2.9** に動作原理を示す。図は鉄板の厚みをチェックする装置で，鉄板の厚みが正常であれば二次側の電圧 $E_2$ は 0（平衡点）であるが，厚みにわずかでも異状があれば変位に比例した $E_2$ が発生する。$E_2$ の位相は変位の方向によって 180° 異なるため，位相弁別回路を通せば，厚いか薄いかを判別することができる。

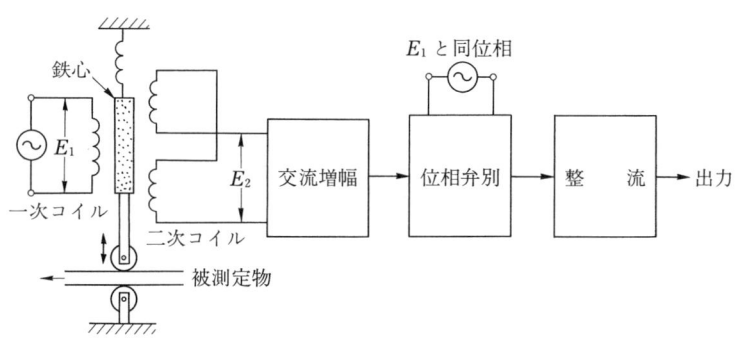

図 2.9　差動変圧器の動作原理

## 2.3　制御用機器

制御用機器は，押しボタンスイッチなどの操作用機器やセンサなどの検出用機器から出た信号を受けて，モータやロボットなどの制御対象に目的の動作をさせるもので，リレーやタイマなどがある。

## 2.3.1 電磁リレー

動作原理，機能については1.3節で詳しく述べたので，ここでは種類とその特性，用途の説明にとどめる。

電磁リレーを動作原理から分類すると，ヒンジ形，プランジャ形，リード形，ステッピング形などがある。図記号を**表 2.4**に示す。

**表 2.4** 電磁リレーの図記号

| 名称 | 電磁リレー | |
|---|---|---|
| コイル | ─[R]─ | ─(R)─ |
| a 接点 | R | R |
| b 接点 | R | R (旧図記号) |

**（1） ヒンジ形リレー** 汎用小形電磁リレーのうちで最も多く使用されているのが**ヒンジ形リレー**（hinge type relay）である。これは**図 2.10**のように防塵構造になっているものが多く，接点は導電率が最も高い銀に金めっき（銀の硫化を防ぐ）を施して接触不良を防いでいる。寿命は，接点に電流を流さない場合の可能操作回数（機械的寿命という）が 5 000 万回以上で，接点に定格負荷電流を流して操作する電気的寿命は 50 万回以上が普通である。コイル定格電圧は DC 12 V，24 V が最も多く使用されている。最小動作電圧は定格電圧の 60～80％ である。コイルの励磁電流は，12 V 用が 25 mA，24 V 用が 15 mA くらいである。また，接点容量は 5～10 A が多く用いられている。接点構成は c 接点の組合せで，2 c～4 c が多く，なかには 8 c もある。ヒンジ形リレーはリレーシーケンス制御の論理回路を構成するのに広く用いられている。

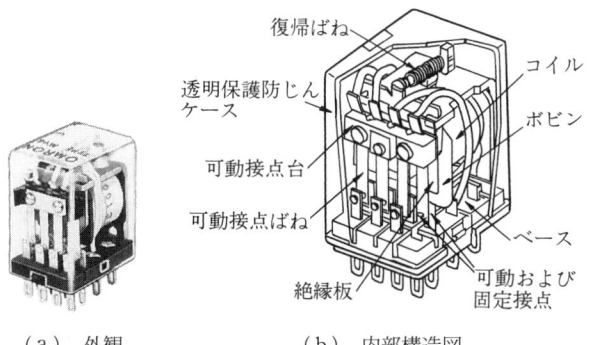

2.3 制御用機器 25

(a) 外観　　　　　(b) 内部構造図

図 2.10　ヒンジ形リレー

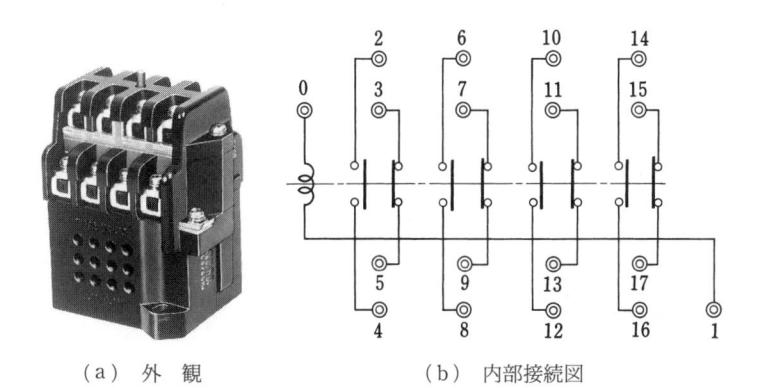

（2）**プランジャ形リレー**　　**プランジャ形リレー**（plunger type relay）は比較的大きい電圧，電流領域で利用されるリレーで，制御盤内に組込んで，電磁クラッチや小形モータを直接制御することができる。

　一般にコイルの定格電圧は，AC 6〜400 V，DC 6〜200 V で，接点の遮断容量は AC 3〜20 A，DC 3〜15 A である。電圧，電流領域が比較的大きいので**パワーリレー**（power relay）とも呼ばれている。おもに交流操作用で直流用は少ない。交流用は，鉄損を少なくするために，薄いけい素鋼板を積層して鉄心に用いている。

(a) 外　観　　　　　(b) 内部接続図

図 2.11　プランジャ形リレー

プランジャ形は，構造上から動作ストロークが大きくなるため高感度，高速動作には不向きで，これで論理回路を構成するのは適当でない。**図2.11**に一例を示す。これは接点構成が4a4bである。

（3）**リードリレー**　ガラス管の中に磁性体でできたリード（薄い板）と接点1対を配置し，窒素ガスなどの不活性ガスを封入したものを**リードスイッチ**（reed switch）という。これは外部磁界の作用でスイッチを開閉するので，磁気センサとして磁気形近接スイッチなどに利用されている。

**図2.12**に示すように，リードスイッチの外側にリードを動作させるコイルを巻き，信号電流で励磁して接点の開閉を制御できるようにしたのが**リードリレー**（reed relay）である。

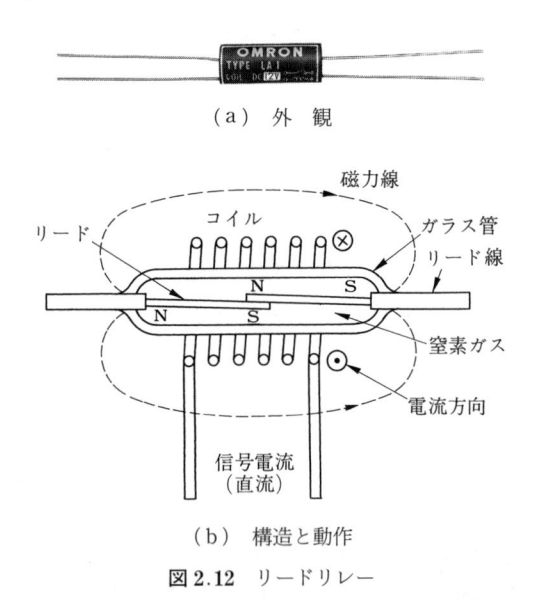

(a) 外　観

(b) 構造と動作

図2.12　リードリレー

コイルに信号電流が流れると，図のような磁束ができて，磁性体のリードが磁化される。NとSに磁化されたリードの先端の接点が吸引力で閉じる。信号電流をOFFにするとリードの弾性でリセットされる。

リードリレーは，有接点リレーのなかで応答速度が0.5 ms以下と最も速く，小形で，しかも不活性ガスが封入されているため電気的寿命は1 000万回

以上で寿命が長い。また，接点間隔が小さいためコイル入力が 10〜45 mW で非常に小さいなどの多くの特長をもつので，高速度リレーとして広く利用されている。

### 2.3.2 タ イ マ

入力信号を受けて，所定の時間が経過してから出力信号を出すリレーを**タイマ**（timer）という。動作を遅らせることを限時動作というので**限時継電器**とも呼ばれている。タイマは動作の違いで限時動作形と限時復帰形があり，出力として，ともに a 接点と b 接点をもっている。

図 2.13 に，入力信号に対する出力信号の状態を表したタイムチャートならびに図記号を示す。タイムチャートの $t$ は，動作を遅らせる時間で，前もってセットしておく設定時間である。**限時動作形**は，入力信号が入ってから設定時間遅れて接点を開閉する。入力信号を OFF にすると瞬時に復帰して出力がリ

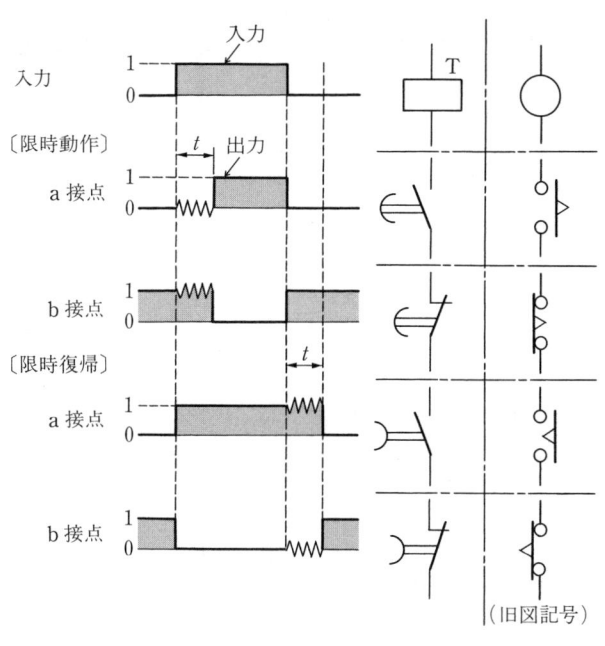

　　　　　（a）タイムチャート　　　　　（b）図記号

図 2.13 タイマの動作と図記号

セット（a 接点は OFF，b 接点は ON）される。限時動作形は動作を遅らせるので**オン・ディレイタイマ**（on-delay timer）ともいう。

**限時復帰形**は，入力信号が入ると瞬時に接点が動作するが，入力信号が切れても出力接点は動作を続け，設定時間遅れて出力の接点をリセットする。したがって，これを**オフ・ディレイタイマ**（off-delay timer）ともいう。

タイマは，動作原理から電動式，電子式，制動式などがある。

**（1）電動式タイマ** 小形同期電動機に減速歯車，クラッチ，マイクロスイッチなどを組み込んで時計機構を応用したもので，**モータタイマ**とも呼ばれている。電圧変動，温度，湿度などに対して非常に安定した動作が得られ，長時間の時限設定に適しており，時間精度が高いので用途も広い。図 2.14（a）はその一例である。

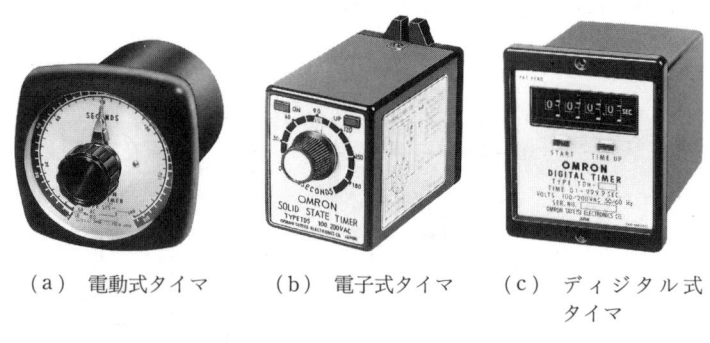

(a) 電動式タイマ　　(b) 電子式タイマ　　(c) ディジタル式タイマ

図 2.14　タイマ

**（2）電子式タイマ** コンデンサを用いた $CR$ 回路の充放電特性を利用したもので，図 2.15 にその回路構成を示す。図のように，コンデンサの充放電による端子電圧の変化を電子回路で検出し，増幅して補助リレーを動作させ

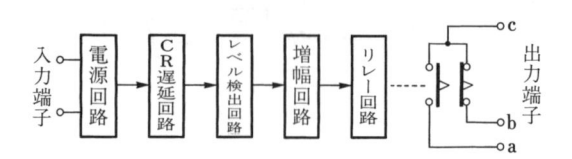

図 2.15　電子式タイマの回路構成

る。これは，半導体などの固体素子で作られているので，**ソリッドステートタイマ**（solid state timer）とも呼ばれている。小形，長寿命で衝撃に強く，高頻度の反復使用に耐えるので自動組立機などに広く使用されている。図2.14（ｂ）はその一例である。

また，上記のアナログ式のほかに，クォーツ発振器と時計機構を組合せた**ディジタル式タイマ**もある。設定時間がディジタル表示で，時間の精度が高い。図2.14（ｃ）はその一例である。

### 2.3.3 カウンタ

リミットスイッチや光電スイッチで品物を検出し，そのパルス信号を計数・記憶して，積算表示や加減算表示をする機器を**カウンタ**（counter）という。カウンタは，動作原理の違いにより電磁カウンタと電子カウンタがある。

**（１） 電磁カウンタ**　　電磁カウンタ（magnetic counter）は，パルス状

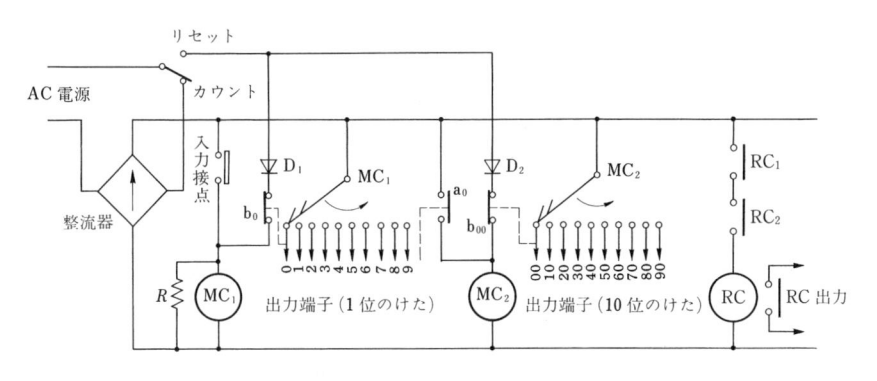

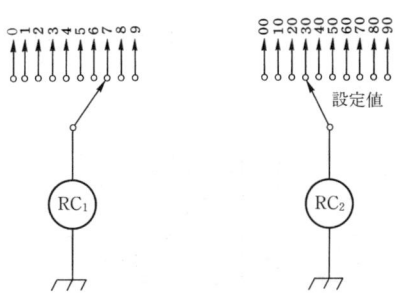

図2.16　プリセットカウンタの回路

の入力信号で電磁石を ON・OFF させ，その電磁力を利用して入力信号を計数して，表示や制御を行う。

図2.16 において，パルス信号で入力接点を閉じると電磁石 $MC_1$ が動作して，1 パルスごとにワイパ $MC_1$ が 1 ステップずつ回転して，入力信号の数を表示する。

また，あらかじめ任意の数値をセットし，計数値がセットした数値と一致したとき，出力信号を出すカウンタを特に**プリセットカウンタ**（preset counter）または PMC カウンタという。0 表示から積算を始め，設定値になると出力する**加算式**（up counter）と，設定値より減算して 0 表示になると出力する**減算式**（down counter）とがある。

図2.16 は，設定値を 37 にセットした加算式プリセットカウンタの回路例である。

**（2）電子カウンタ**　電子回路を使って計数や表示をするので高速性にすぐれ，1 秒間に 1 億を超える計数も可能である。さらに，計数ばかりでなく，交流信号の周波数や周期を測定し，表示させることもできる。

電子カウンタの回路構成を**図2.17** に示す。入力信号を計数回路が動作する大きさまで増幅し，いろいろな入力波形を，整形回路で振幅とパルス幅が一定のパルスに整形する。そして，整形したパルスをゲート回路に送り，ゲート回路が開いている間の入力パルスをカウントする。ゲートの開閉時間は，標準信号によって決められる。標準信号の周期を 10 倍にすれば，カウント数も 10 倍になるので，桁を 1 桁シフトさせて，表示を 1 桁増すことができる。また，ゲート回路を手動で開閉して，任意の時間内の入力パルスを計数したり，加・減算することもできる。

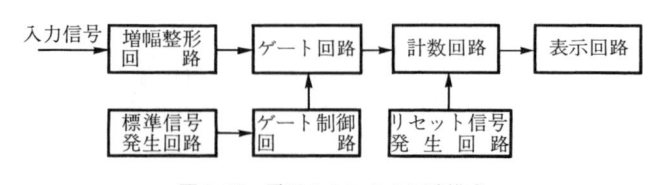

図2.17　電子カウンタの回路構成

## 2.4 駆動用機器

制御対象を直接制御するモータなどのアクチュエータ（後述）を駆動する機器を駆動機器と呼ぶ。電磁接触器，電磁開閉器などがある。

### 2.4.1 電磁接触器

**電磁接触器**（electromagnetic contactor）は，電磁力を利用して交直流回路の開閉を行う機器である。その動作原理は，2.3.1(2)で述べたプランジャ形電磁リレーとまったく同じである。これは，電磁リレーと比べて，開閉する電力が大きく，苛酷な条件で頻繁な開閉操作に耐える構造になっている。電動機の始動，停止，正転・逆転制御のほか，電熱，照明など電力を消費する装置の開閉などに広く用いられている。

また，**過電流継電器**（over current relay）と組合せて過負荷保護を行うことができる。交流用と直流用があり，接点構成は，三相交流用では3aの主接点と2a2bの補助接点を持つものが多く使用されている。接点容量は数Aから数百Aまで多くの種類がある。図2.18はその一例である。

図2.18 電磁接触器の例

### 2.4.2 電磁開閉器

**電磁開閉器**（electromagnetic switch）は，回路を開閉する電磁接触器と，モータなどの過負荷保護用のサーマルリレーを組合せた機器で，箱入り形と開放形がある。一般に**マグネットスイッチ**という。電磁接触器と同じく，微小な励磁電流で大電力のON・OFF制御ができる。さらに，故障や過負荷などで負荷電流が設定値を超えた場合は，サーマルリレーが作動してただちに回路を遮断することができる。したがって，電源回路の開閉やモータなどの制御対象を直接ON・OFF制御することができる。仕様は電磁接触器と同じである。

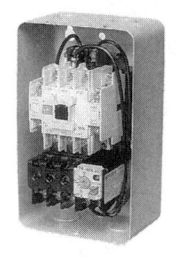

32 　　2. シーケンス制御用機器とその動作

　　　　　　(a) 箱入形　　　　　　(b) 開放形
　　　　　　　　図 2.19　電磁開閉器の例

図 2.19 に電磁開閉器の例を示す。

## 2.5 保護用・表示用機器

### 2.5.1 サーマルリレー

　熱動形の過電流継電器を一般に**サーマルリレー**（thermal relay）と呼ぶ。これはヒータとバイメタルを組合せて，過電流を検出し，電動機などの過負荷に対して保護する機器である。

　線路に直列に接続されているヒータに過電流が流れると，そのジュール熱でバイメタルが加熱されて湾曲し，電磁接触器を作動して回路を遮断する。

　**バイメタル**（bimetal）は，熱膨張係数が異なる 2 種類の合金，例えば黄銅（30～40%亜鉛）とアンバ（36%ニッケル）を接合し，板状に圧延した金属で，温度の変化に比例して湾曲変形する性質を利用したものである。曲率変化は，熱膨張係数の温度差に比例し，板の厚さに逆比例する。黄銅は熱膨張係数が大きく，ニッケル鋼は小さい。バイメタルは，サーモスタット，ブレーカなどに広く利用されている。

### 2.5.2 過電流遮断器

　線路に短絡電流などの過大な電流が流れたとき，過電流継電器が故障などで動作しない場合でも線路を遮断する機器を過電流遮断器という。過電流遮断器には，**ヒューズ**（fuse）と配線用遮断器がある。

　ヒューズは，最も簡単な過電流遮断器で，ブレーカが世に出るまでは家庭で

も保護装置として必ず使われていた。これは，鉛または鉛と錫の合金など溶融点の低い金属で作られ，過電流が流れるとそのジュール熱で溶断し，電気回路を遮断して，線路や電気機器を保護するものである。

形状から，つめ付ヒューズ，筒形ヒューズなどがあるが，動作すると復旧が面倒であるからあまり使われなくなった。

特殊ヒューズとして**温度ヒューズ**（thermal fuse）がある。電気ごたつなど電熱器具のサーモスタットが故障すると過熱して火災の恐れがあるので，周囲温度が安全な温度を超えると周囲の熱で溶断して電気回路を遮断する。溶断温度は100〜170℃くらいまで各種ある。家電製品などの電熱機器の保護装置として広く使用されている。

**配線用遮断器**（molded case circuit breaker）は，**サーキットブレーカ**または**ノーヒューズブレーカ**（no fuse breaker）ともいわれ，呼び名のとおりヒューズの取り替えを要しないで反復使用が可能な遮断器で，ヒューズに代わって線路や電気機器を保護するもので，広く使用されている。

電力会社と一般需要家との契約容量以上の負荷電流を自動遮断するものは**電流制限器**（current limiter）であるが，一般にブレーカと呼ばれている。

配線用遮断器は熱動形と電磁形があり，熱動形はサーマルリレーと原理が同じである。電磁形は，動作原理がヒンジ形電磁リレーと同じで，過電流が流れると可動鉄片が作動して，ラッチ機構を外すようになっている。

なお，遮断器が開いた場合に警報を発信するもの，またはトリップしたことを表示するタイプがある。

**漏電遮断器**は，漏電を検知して感電事故を防ぐとともに短絡や過電流に対しても保護する遮断器である。

### 2.5.3 3Eリレー

過負荷保護機能，欠相保護機能および反相保護機能の三つの機能を備えたリレーを**3Eリレー**（3 Element relay）という。欠相とは，三相のうち，1相が断線などで欠落した状態をいう。欠相の場合，三相誘導電動機は始動できない。反相とは，相順が逆になっている場合で，三相誘導電動機は逆転する。3

Eリレーは三相誘導電動機の保護用機器として利用される。

### 2.5.4 表示用機器

表示用機器は機械やシステムの運転状態を表示したり，警報を出して，制御の状態や異常をオペレータに知らせるものである。

表示灯は**パイロットランプ**（pilot lamp）または**シグナルランプ**（signal lamp）とも呼ばれている。光源は白熱電球またはLEDが使用される。

**白熱電球**は，LEDに比べてエネルギー効率が悪く，寿命も短い。白熱電球は，電気エネルギーを熱エネルギーに変換してから光エネルギーに変換しているからである。また，点灯するときの突入電流が定格電流の約10倍も流れるので留意する。

**LED**（light emitting diode）は，pn接合に順バイアスを加えて発光させる。LEDは電気エネルギーを直接光エネルギーへ変換して発光するので，電気エネルギーをほぼすべて光エネルギーに変換しているため，白熱電球に比べて格段にエネルギー効率がよい。したがって，省電力で高出力が得られ，構造が簡単で，熱を発生しないため素子が劣化しにくく，長寿命で小形化が容易である。

放射する光の波長は使用する半導体の不純物によって決まる。例えば，AlGaAs（アルミニウムガリウムヒ素）は900 nm（$1 \text{ nm} = 10^{-9} \text{ m}$）前後の赤外線を発光し，GaP（リン化ガリウム）は赤色を，GaAsP（ガリウムヒ素リン）は緑色を発光する。最近になって，GaN（窒化ガリウム）を含む半導体から**青色LED**も開発されて，光の三原色が揃った。三原色の組合せによってあらゆる色を表現することが可能になった。

人間の目の可視範囲は，約400 nmから800 nmで，555 nm（黄緑色）が最も明るく感じる。

──────────── 練 習 問 題 ────────────

**2.1** 図2.20は操作用スイッチの構成を図記号で表したものである。（ ）の中に端子記号NO，NC，COMおよびa接点，b接点の別を記入せよ。また，〔 〕の中にスイッチの名称を記入せよ。

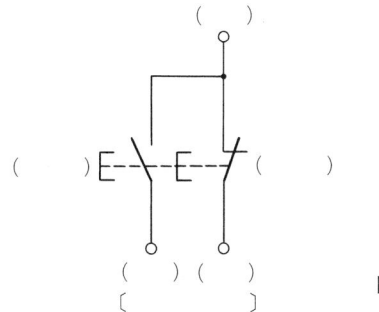

練 習 問 題

図 2.20

2.2 リミットスイッチは，人間の視覚，聴覚，触覚，嗅覚のうちのどの働きをするか。
2.3 光電スイッチと近接スイッチの類似点をあげよ。
2.4 近接スイッチの高周波発振形と静電容量形の相違点をあげよ。
2.5 PTC サーミスタと CTR サーミスタの温度特性および用途について述べよ。
2.6 焦電形温度センサについて，つぎの説明文で正しい方に○をつけよ。
　　（1）検出物体から放射する〔（　）赤外線，（　）紫外線〕を利用している。
　　（2）検出物体の放射波の波長は，検出物体の温度が高くなるほど〔（　）長くなる，（　）短かくなる〕。
　　（3）用途は〔（　）温度の精密計測，（　）照明器具の自動点滅器〕に適している。
　　（4）〔（　）非接触形温度センサ，（　）接触形温度センサ〕である。
2.7 電磁リレーの種類を，動作原理より分類して三つあげよ。
2.8 電磁リレーの機械的寿命と電気的寿命の相違点を簡単に説明せよ。
2.9 電動式タイマと電子式タイマについて，つぎの問に答えよ。
　　（1）長時間の時限設定ができるのはどちらか。
　　（2）電源周波数の影響を受けやすいのはどちらか。
　　（3）高頻度の使用に適するのはどちらか。
　　（4）コンデンサの充放電を利用しているのはどちらか。
　　（5）電動式タイマに使用する電動機の種類を示せ。
2.10 電磁接触器と電磁開閉器の相違点をあげよ。
2.11 3E リレーが持つ三つの保護機能をあげよ。

# 3 アクチュエータ

ロボットの手足などを動かすアクチュエータには，電気・油圧・空気圧などで動作する多くの種類があるが，電気をエネルギー源としたモータが最も多く使用されている。

そこで，各種モータの原理，特性および駆動回路について解説する。

## 3.1 アクチュエータとは

モータのように機械を直接駆動する機器を**アクチュエータ**（actuator）という。これは各種のエネルギーを機械的な動きに変換して，制御対象を直接操作するもので，操作機器とも呼ばれている。

人間の目や耳に相当するのがセンサで，手足の動きをする機器がアクチュエータである。

### 3.1.1 アクチュエータの種類

アクチュエータをエネルギー源で分類すると図3.1のようになる。この中

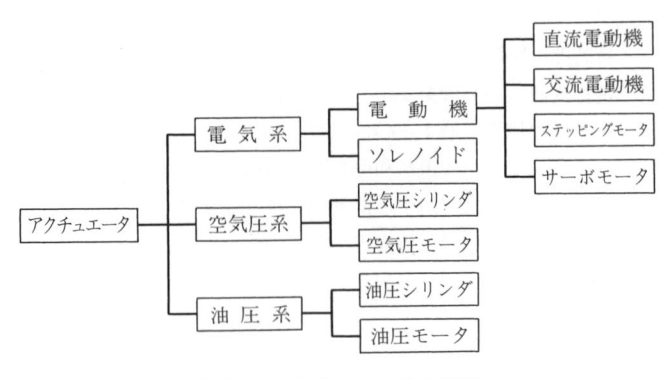

```
                              ┌─ 直流電動機
                    ┌─ 電動機 ─┼─ 交流電動機
          ┌─ 電気系 ─┤         ├─ ステッピングモータ
          │         │         └─ サーボモータ
          │         └─ ソレノイド
アクチュエータ ─┤
          │         ┌─ 空気圧シリンダ
          ├─ 空気圧系 ─┤
          │         └─ 空気圧モータ
          │
          │         ┌─ 油圧シリンダ
          └─ 油圧系 ─┤
                    └─ 油圧モータ
```

図 3.1　アクチュエータの分類

で，電気系の電動機が操作が簡単で最も多く利用されている．空気圧系は，動作は速いが力が弱い．油圧系は動作は遅いが力が強い．

### 3.1.2 アクチュエータの駆動素子とその回路

（1） **トランジスタ**　トランジスタの動作原理とスイッチング作用は，1.4.1項で詳しく述べたので，ここではおもにトランジスタ回路について説明する．

（a）　**電力増幅回路**　トランジスタ回路の最も基本的な回路である．電力増幅回路には，A級電力増幅回路とB級プッシュプル増幅回路がある．A級電力増幅回路は，トランジスタの動作点を負荷線のほぼ中央の位置で動作させる方式で，入力信号がなくてもつねにコレクタ電流が流れているため，ひずみは少ないが電源効率が50％以下という難点があり，一般に小出力用に利用される．

B級電力増幅回路は，トランジスタの動作点をカットオフ点で動作させるので入力信号がないときは，コレクタ電流が流れないからA級と比較して電源効率はよくなるが，1個のトランジスタでは半波しか出力されないので，2個のトランジスタをプッシュプルにして，トランジスタ $Tr_1$ に正の半波を，$Tr_2$ に負の半波を交互に分担させて増幅する．

制御用の増幅回路には，特性を改善するために図3.2のようなダーリントン接続がよく利用される．これは2個のトランジスタを直結に接続して1個のパッケージに組込んだもので，電流増幅率は各増幅率の積の値となるから非常に大きくなる．

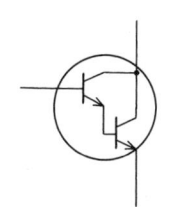

図3.2　ダーリントン接続

（b）　**電磁リレーの駆動回路**　図3.3はトランジスタによる電磁リレー駆動回路の一例である．入力信号が入ると，**ホトカプラ**（photocoupler）の発

光素子（LED）から光を媒体として信号が受光素子のホトトランジスタへ伝達される。ホトトランジスタのベースが光を受けるとホトトランジスタがONとなり，トランジスタTrのベースに電流が流れて，Trのスイッチング作用でスイッチが閉じた状態になり，電磁リレーのコイルに電流を流して，電磁リレーを動作させる。ホトカプラは，入力側と出力側を電気的に絶縁して，ノイズなどを除去する。ダイオードDは，電磁リレーのコイルの電流をON・OFFするときにコイルに発生するサージを吸収して，トランジスタを保護する。$R_1$，$R_2$は電流を制限する抵抗である。

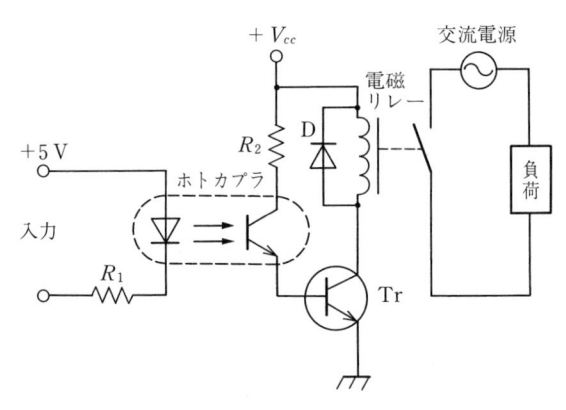

図3.3 電磁リレーの駆動回路

（2）**サイリスタ**　サイリスタ（thyristor）は，電流を制御する機能をもった半導体素子で，高電圧，大電力の産業用機器から調光装置などの家電製品まで幅広く利用されており，多くの種類がある。

（a）**SCR**　SCRは，米国のGE社で1958年に開発されたシリコン制御整流素子（Silicon Controlled Rectifier）の略称で，GE社の商品名である。図3.4はSCRの動作原理図である。

図（a）は構造を示す。図のように，三つの整流接合部 $J_1$，$J_2$，$J_3$ をはさんでpnpnの4層構造になっている。三つの電極，すなわち**アノード**（anode）A，**カソード**（cathode）Kおよび**ゲート**（gate）Gをもっている。接合部（$J_1$〜$J_3$）は，キャリヤが存在しない空乏層になっている。

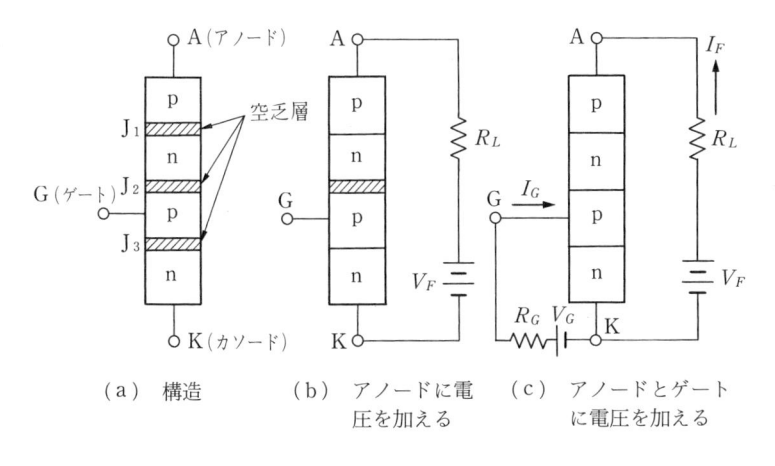

(a) 構造　　(b) アノードに電圧を加える　　(c) アノードとゲートに電圧を加える

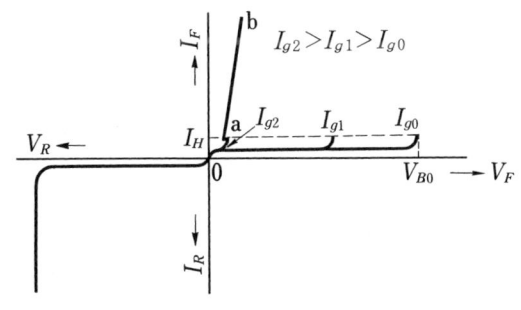

(d) 電圧-電流特性

図3.4　SCRの動作原理

　図(b)のように，ゲートGには電圧を加えないで，A-K間に順方向電圧（アノードAに正電圧）$V_F$ を加えてもアノードに電流は流れない。その理由は，$V_F$ は接合部 $J_1$ と $J_3$ に対してダイオードの順方向電圧（p形に＋，n形に－）と同じように空乏層を消滅させるが，$J_2$ に対しては逆方向電圧となるため，$J_2$ の空乏層は消滅しない。A-K間に逆方向電圧（アノードAに負電圧）を加えた場合は，もちろんアノード電流 $I_F$ は流れない。これは $J_1$ と $J_3$ に逆バイアス（逆方向電圧）を加えることになるので，$J_1$ と $J_3$ の空乏層によって $I_F$ は阻止されるからである。

　図(c)は，A-K間に順方向電圧 $V_F$ を加え，さらにG-K間にゲート電流 $I_G$

を流すと，その瞬間からアノード電流 $I_F$ が流れはじめる。いったん導通状態になると，ゲート電流 $I_G$ を0にしてもアノード電流 $I_F$ は流れ続ける。導通状態のアノード電流 $I_F$ を絶つには，A-K間に逆方向電圧（Aに負電圧）を加える。すなわち，$V_F$ を逆極性にする。

図(d)は，SCRの電圧-電流特性である。ゲート電圧 $V_{GK}$ を調節してG-K間に流れるゲート電流 $I_G$ を一定にする。そして，アノード電圧 $V_F$ を徐々に上げていくと，急激にアノード電流 $I_F$ が流れはじめる。これを**ターンオン**（turn on）という。また，このときのアノード電圧 $V_{B0}$ をゲート電流 $I_{g0}$ における**ブレークオーバ電圧**（breakover voltage）という。

図3.5はSCRを利用した調光装置の回路例とその電圧波形である。ダイオード $D_1$, $D_2$ はSCRのゲートに正の電圧を加えるための整流装置である。可変抵抗器VRを上へスライドすると，ゲート電圧 $v_g$ が大きくなって，時刻 $t_1$ になるとSCRをターンオンするので，ランプに加わる出力電圧が大きくなり，ランプは明るくなる。逆にVRを下へスライドすると，ゲート電圧は点線で示した波形のように小さくなり，時刻 $t_2$ までSCRのターンオンが遅れる

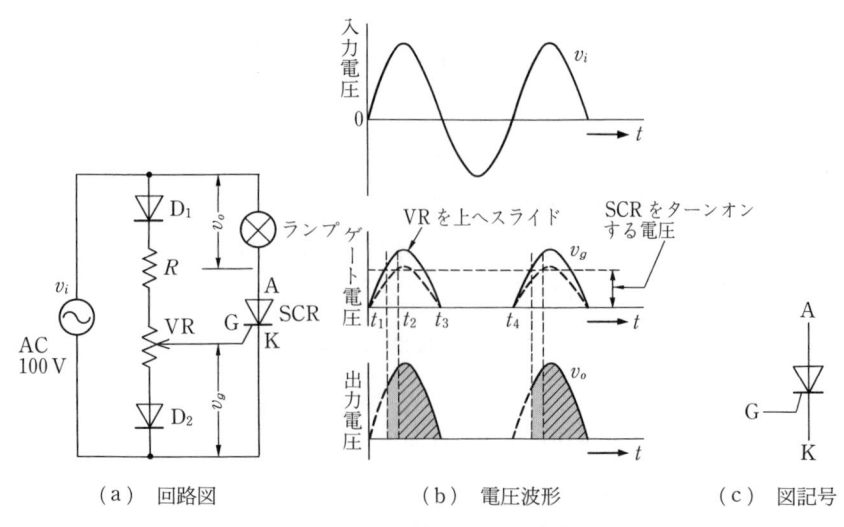

(a) 回路図 　　　　(b) 電圧波形 　　　　(c) 図記号

図3.5　SCRを利用した調光装置

ので，電圧波形の面積が小さくなってランプは暗くなる。$t_3$から$t_4$の間は，SCRのA-K間に逆方向電圧が加わるため，ランプに電流は流れない。図（c）にSCRの図記号を示す。

（b）**トライアック**　トライアック（triac）は，SCRと同じく米国のGE社で開発された半導体のパワー素子である。名称は，電極が3極（triode）で交流（AC）電力を制御するスイッチという意味で，やはりGE社の商品名である。これは，SCRと同じ機能を持った2個のサイリスタを互いに逆方向に並列接続したもので，SCRと違って双方向の電流を制御できるので，交流機器の制御に最適である。

構造は，**図3.6**（a）のようにnpnpnの5層構造になっており，電極は図（c）のように端子$T_1$，$T_2$およびゲートGからなり，$T_1$，$T_2$はアノードまたはカソードとは呼ばない。$T_1$から$T_2$に電流が流れるときは図の通路①を通り，$T_2$から$T_1$に流れるときは通路②を通る。いずれもSCRと同じpnpn接合のスイッチを形成している。

図（b）はトライアックの電圧-電流特性である。第1象限と第3象限はまったく対称的で，双方向性を表している。図（c）にトライアックの図記号を示す。

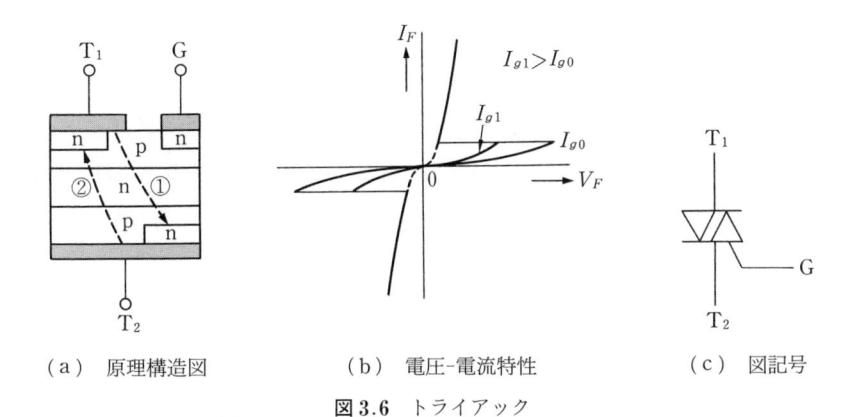

**図3.7**は，トリガにダイアックを利用したトライアックの制御回路の例とそ

（a）原理構造図　　　（b）電圧-電流特性　　　（c）図記号

**図3.6**　トライアック

(a) 回路図　　　(b) 動作波形

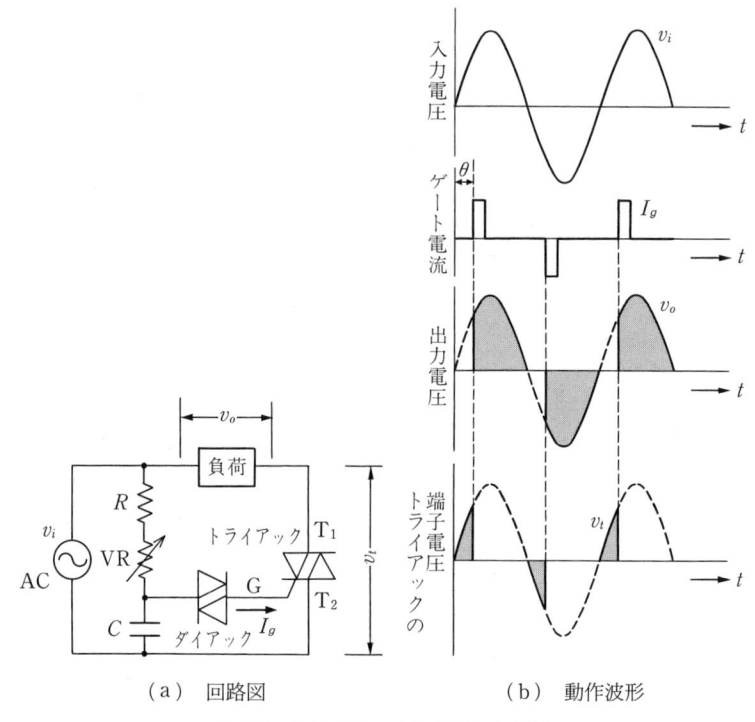

図 3.7　トライアックを利用した制御

の動作波形である。図(a)の回路図において，可変抵抗器 VR を調整すると，ダイアックが発生するパルス状のゲート電流 $I_g$ の位相 $\theta$ がかわり，負荷にかかる出力電圧 $v_0$ の大きさを制御することができる。VR を大きくするとコンデンサ $C$ の充電電流が小さくなって，コンデンサの充電に時間がかかるため $\theta$ が大きくなって，パルスの位相が遅れるから出力電圧 $v_0$ は小さくなる。

**ダイアック**（Diac: diode AC switch）は，トリガダイオードとも呼ばれ，npn の 3 層構造になっており，双方向のダイオードである。直接に電気機器を制御するのではなく，トライアックなどのトリガ用に利用される。

（3）**SSR**　　SSR は Solid State Relay の略で，無接点リレーの一種である。小電力用と大電力用，入出力が直流または交流など用途によっていろいろな種類がある。図 3.8 は入出力がともに交流で，出力制御にトライアックを使

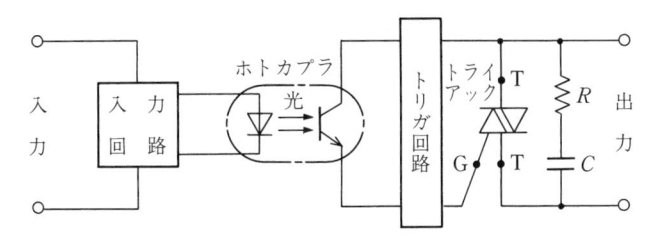

$R$, $C$：サージ吸収回路
T：主電極
G：ゲート

図 3.8　SSR

用した負荷開閉用 SSR の例である。入力回路と出力回路はホトカプラで電気的に絶縁されて，電気的ノイズをカットしている。

　モータなどの誘導負荷は，負荷電流を開閉するときに大きな逆起電力（サージともいう）を発生するので，それを吸収させるために負荷と並列に $RC$ の直列回路を接続する。

　SSR は，電磁接触器に比べて寿命が長く，小形で動作速度も速いので，保守が困難な場所や開閉頻度が高い場合の交流機器の制御に適している。

（4）　**インバータ**

（a）　**インバータとは**　　直流を交流に変換することを逆変換といい，その装置を**インバータ**（inverter）という。1930 年頃から三相誘導電動機の可変速度制御の研究が盛んに行われ，その後サイリスタなど半導体の電力制御素子が急速に進歩して，インバータの技術が確立したのである。

　インバータは，実際には交流電力をいったん直流電力に変換して，その直流電力をまた交流電力に変換する装置で，交流出力の周波数が自由に調節できるので**周波数変換装置**ともいう。したがって，三相誘導電動機の可変速度制御装置にとどまらず，産業機械からルームエアコン，洗濯機などの家電製品まで周波数変換機能が広く利用されている。電車の電動機においても，保守が困難な直流直巻電動機から保守が容易で故障が少ない三相誘導電動機に移行しているのもインバータの成果である。

**（ b ） インバータの構成**　　図3.9はインバータの基本構成図である。入力端子に三相交流を供給すると，まず**コンバータ**（converter）で三相交流を直流に変換する。つぎに，インバータで直流を可変周波数の三相交流に変換する。可変電圧制御は制御方式によって異なるが，コンバータまたはインバータで行われる。

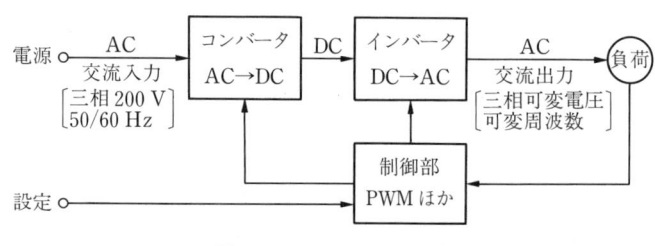

図3.9　インバータの構成

図3.10において，コンバータ部は，整流用ダイオード（$D_1$〜$D_6$）6個で**三相全波整流回路**を構成し，三相交流を直流に変換している。この整流回路を**三相ブリッジ整流回路**ともいう。電圧制御方式では，ダイオード（$D_1$〜$D_6$）の代わりにサイリスタを使用して，整流と同時に可変電圧制御を行う。

コンバータ部で変換された直流は多くの脈流を含んでいるからリアクトル

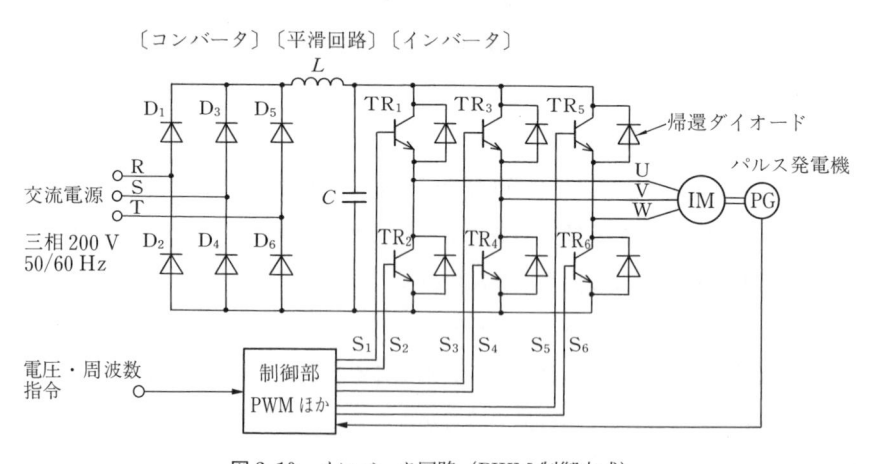

図3.10　インバータ回路（PWM制御方式）

$L$ とコンデンサ $C$ で平滑回路をつくり，整流後の脈流分を取り除いて安定した直流にしている。

インバータ部では，パワートランジスタ（$TR_1$〜$TR_6$）の三相ブリッジ回路でインバータを構成し，直流を三相交流に変換している。各パワートランジスタに並列に接続されているダイオードを**帰還ダイオード**と呼ぶ。これは回生エネルギーや無効電力の処理をする。インバータを構成するパワー素子は，パワートランジスタのほかに MOS FET, サイリスタなどが使用される。MOS FET は小電力，高速制御用で，パワートランジスタは MOS FET より高電圧，大電力用だが比較的低速の制御に適している。高電圧の分野にはサイリスタが使用されている。

電力用半導体素子（パワー素子）の開発はめざましく，パワートランジスタも高耐圧化，大電流化，高速化し，さらに小形化，複合化して，インバータの進展に寄与している。インバータは，使用するパワー素子によって，**トランジスタインバータ**，**サイリスタインバータ**などと呼ばれている。

（c）**インバータの制御方式**　インバータの制御方式に，つぎの三つがある。

（i）**電流制御方式**　コンバータ部で直流電流を制御し，この直流電流をインバータ部で 120° ずつ位相をずらして負荷の各相に分配し，三相交流として負荷に供給する。負荷の端子電圧の制御は電流を制御することによって行われる。周波数の制御は，インバータ部のサイリスタのゲート信号を制御する。

出力電流は方形波であるが，誘導電動機に供給すると電動機の誘起起電力が加わって正弦波状となる。コンバータ，インバータともにパワー素子はサイリスタがおもに使用される。

（ii）**電圧制御方式**　コンバータ部で直流電圧を制御し，電流制御方式と同じようにインバータ部で周波数を制御する。パワー素子は，コンバータ，インバータともにサイリスタが用いられる。出力電圧は方形波である。この方式は，効率が良いが応答が遅い。

（iii）**PWM（Pulse Width Modulation）制御方式**　インバータ部で周

波数制御と出力電圧制御を同時に行う. 図3.10のように, コンバータ部は電圧の制御を必要としないから一般にダイオードが使用される. インバータ部はパワートランジスタが用いられる. この制御方式はパルス変調方式の一種で, トランジスタのベースに加える制御信号のパルス幅とその周波数, および制御信号をどのトランジスタに加えるか, の配分方法を制御することによって, **図3.11**のような疑似的な正弦波交流を合成した三相交流を出力する.

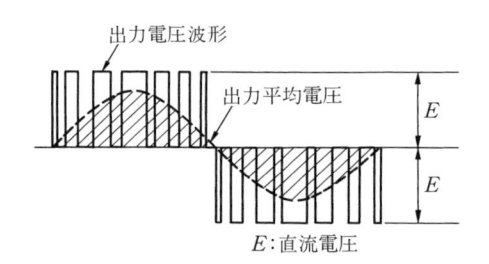

**図3.11** PWM方式インバータの出力波形

PWM制御方式は, 安定した低速運転が可能である. **VVVF** (Variable Voltage Variable Frequency) **インバータ**として, 電車やエレベータなどの運転制御に広く応用されている.

## 3.2 直流電動機

### 3.2.1 原理と構造

図3.12のように, 永久磁石 (N, S) でできた磁界 ($H$) 中に, 自由に回転できる長方形の導体 ($c_1$, $c_2$) を置き, これに電流を流すと導体に電磁力が働く. 導体 $c_1$ と $c_2$ に働く電磁力は互いに逆向きの方向となり, 合成すると回転力 (トルク: $T$) となり, コイルを回転させる. 電磁力の方向は, 図(c)のように, フレミングの左手の法則を使えば簡単に知ることができる.

導体 $c_1$ が 90° 以上回転すると, $c_1$ に接続されている整流子片 $S_1$ がブラシ $B_1$ から離れて, ブラシ $B_2$ と接触するため, 導体 $c_1$ に流れる電流の向きが逆になる. すると, 電磁力の向きも逆になって下向きとなり, トルク $T$ は同じ方向に働いて, 導体 $c_1$, $c_2$ は同じ方向に回転を続ける.

このように, 導体に流す電流の向きを半回転ごとに切換える半円筒状の金属

3.2 直流電動機　47

(a) 原理図

(b) 力の方向

(c) フレミングの左手の法則

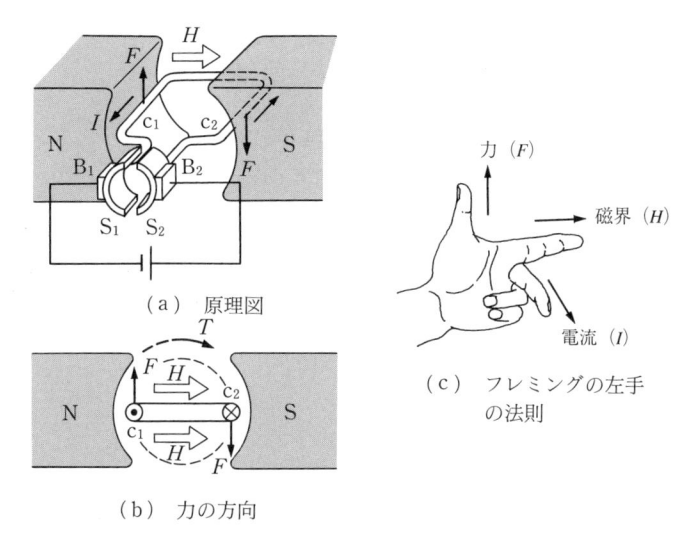

図 3.12 直流電動機の動作原理

片 $S_1$，$S_2$ を**整流子**（commutator）という。これは導体に接続され，ブラシと接触して，導体に直流電流を供給する。整流子片 $S_1$ と $S_2$ は互いに絶縁されている。

図の永久磁石のように磁界を作る部分を**界磁**（field）または**固定子**（stator）という。大形の直流機では，1mm くらいの軟鋼板を成層した界磁鉄心に界磁コイルを巻き，直流電流を流して磁界をつくる。

中央部で，回転してトルクを発生する部分を**電機子**（armature）または**回転子**（rotor）という。厚さ 0.5mm くらいのけい素鋼板を成層した電機子鉄心の外周に電機子コイルを巻き，その端は整流子片に接続されている。整流子片を円筒状に並べて整流子を形成している。

### 3.2.2　直流電動機の種類と特性

直流電動機は，界磁コイルと電機子コイルの接続方法によって，つぎのように分類される。

（ⅰ）　直巻電動機（series motor）
（ⅱ）　分巻電動機（shunt motor）

(iii) 複巻電動機（compound motor）

(iv) 他励電動機（separately excited motor）

(v) 永久磁石電動機（permanent magnet motor）

**(1) 直巻電動機**　これは，図 3.13(a) のように界磁コイルと電機子コイルが直列に接続されている。直流電動機の逆起電力 $E$，回転速度 $N$ およびトルク $\tau$ はつぎの式で表される。

$$E = K\varPhi N \ [\text{V}] \tag{3.1}$$

$$N = \frac{V - r_a I_a}{K\varPhi} \ [\text{rpm}] \tag{3.2}$$

$$\tau = K_1 \varPhi I_a \ [\text{N·m}] \tag{3.3}$$

$$P = \frac{2\pi N\tau}{60} \ [\text{W}] \tag{3.4}$$

ただし，$K$, $K_1$：定数，$E$：逆起電力〔V〕，$V$：供給電圧〔V〕，$\varPhi$：磁束〔Wb〕，$N$：回転数〔rpm〕，$r_a$：電機子抵抗〔Ω〕，$I_a$：電機子電流〔A〕，$\tau$：ト

(a) 直巻電動機

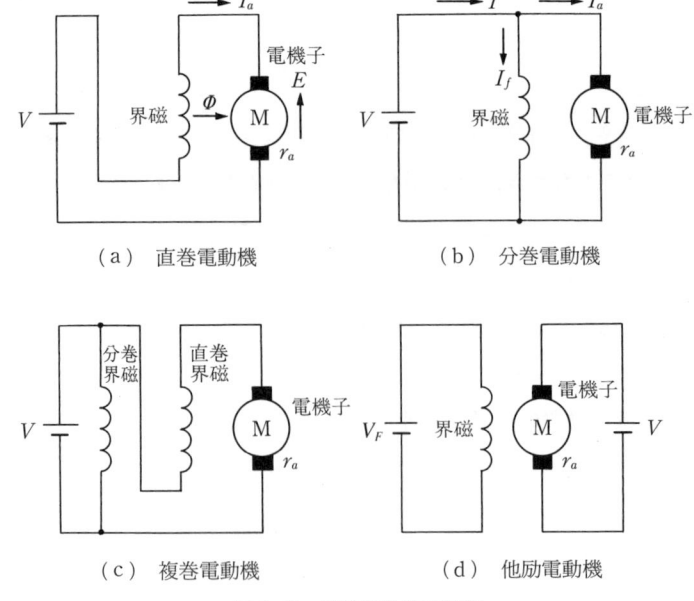

(b) 分巻電動機

(c) 複巻電動機

(d) 他励電動機

図 3.13　直流電動機の種類

### 3.2 直流電動機

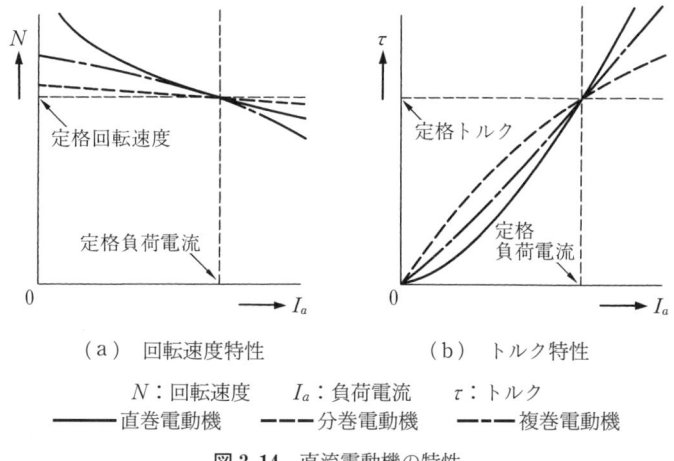

(a) 回転速度特性　　(b) トルク特性

$N$：回転速度　　$I_a$：負荷電流　　$\tau$：トルク
——— 直巻電動機　--- 分巻電動機　-・- 複巻電動機

**図 3.14** 直流電動機の特性

ルク〔N・m〕，$P$：出力〔W〕

直巻電動機の速度特性およびトルク特性は図 3.14 の実線のようになる。

**速度特性**において，軽負荷では式（3.2）の $r_aI_a$ は $V$ に比べてきわめて小さく，界磁磁束 $\Phi$ は負荷電流 $I_a$ にほぼ比例するから，回転速度 $N$ は $I_a$ に反比例する。したがって，軽負荷で $I_a$ が非常に小さくなると，回転速度が著しく大きくなって危険であるから，ベルト掛けの運転や無負荷運転は行ってはならない。

負荷が増加して $I_a$ が大きくなると，$\Phi$ は磁気飽和して $I_a$ に比例しなくなってほぼ一定となるため，$N$ は $V - r_aI_a$ に比例して減少する。

**トルク特性**では，磁気飽和するまでは $\Phi$ は $I_a$ に比例するからトルク $\tau$ は $I_a^2$ に比例して，二次曲線に沿って増加する。負荷が増加すると磁気飽和して $\Phi$ は一定になるため，$\tau$ は $I_a$ に比例してほぼ直線になる。トルク特性を図 3.14(b) の実線で示す。

以上の特性から，直巻電動機の始動時は，始動電流 $I_a$ の 2 乗に比例した非常に大きな始動トルクが発生する。また，始動時の回転速度はきわめて低いことがわかる。したがって，大きな始動トルクを必要とする電車やクレーンなどのモータに最適である。しかし，交流三相誘導電動機の速度制御技術が進歩し

て，構造上難点が多い直巻電動機は電車用電動機の座を失いつつある。

(2) **分巻電動機** 分巻電動機は図3.13(b)のように，界磁コイルと電機子が並列に接続されている。したがって，供給電圧 $V$ が一定であれば，界磁磁束 $\varPhi$ はほぼ一定で，回転数 $N$ は $V-r_aI_a$ にほぼ比例し，負荷が増加するとともに減少する。無負荷のとき，界磁回路を開くと $\varPhi$ は残留磁気のみになって，モータが暴走する危険があるので，界磁回路にヒューズや遮断器を絶対に接続しない。

分巻電動機は速度の変化が少なく，トルクが負荷電流に比例する関係から，計測制御用または船舶用のポンプ，送風機などにも用いられる。

(3) **複巻電動機** これは図3.13(c)のように，直巻界磁巻線と分巻界磁巻線をもっているので，図3.14の一点鎖線のように，直巻電動機と分巻電動機の中間の特性をもっている。したがって，無負荷になっても直巻電動機のように危険な高速回転にはならない。また，分巻電動機より始動トルクが大きいのでエレベータ，工作機械，空気圧縮機などの運転に適している。

(4) **他励電動機** 他励電動機は，図3.13(d)のように，別の電源で界磁を励磁するから，磁束 $\varPhi$ はほぼ一定となる。特性は分巻電動機に類似しているが，レオナード方式を用いて回転速度を広い範囲に細かく調整できるので，圧延機や大形クレーンなどに用いられている。

### 3.2.3 直流電動機の始動と速度制御

(1) **始動** 直流電動機の供給電圧 $V$ および電機子電流 $I_a$ は，図3.13よりつぎのように表すことができる。

$$V = E + r_aI_a \text{ [V]} \tag{3.5}$$

$$I_a = \frac{V-E}{r_a} \text{ [A]} \tag{3.6}$$

$r_a$ は電機子回路の抵抗で非常に小さい値である。さらに，逆起電力 $E$ は式(3.1)より，始動の瞬間は回転速度 $N$ が0であるから $E$ も0である。したがって，電源電圧をそのまま電機子に供給すると，非常に大きな始動電流が流れて，電機子巻線，整流子，ブラシなどを損傷したり，電源に対しても衝撃を与

えたりする。

そこで，図3.15のように，電機子回路に直列に始動抵抗器SRを接続して始動電流を抑制し，電動機が加速して逆起電力$E$が増すとともにSRをしだいに減らしていき，運転状態になったら短絡して0にする。

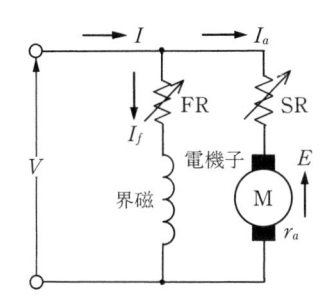

図3.15　分巻電動機の始動・速度制御

**（2）速度制御**　直流電動機の回転速度$N$を制御するには，前に示した式（3.2）

$$N=\frac{V-r_aI_a}{K\varPhi}\text{[rpm]}$$

の界磁磁束$\varPhi$または供給電圧$V$を調整すればよい。$\varPhi$を変化させる方法を界磁制御，$V$を変化させる方法を電圧制御という。

**界磁制御**（field control）は，図3.15のように界磁回路に界磁抵抗器FRを直列に接続して，FRで界磁電流$I_f$を調整して界磁磁束$\varPhi$を変える。この方法は，制御する界磁電流$I_f$が小さいから損失が少なく，装置も小形で簡単であるが，可変速度範囲が狭い。

**電圧制御**（voltage control）は，電機子に加える電圧$V$を調整して速度制御を行う方式で，おもに他励電動機に用いられる。供給する直流電圧を調整するには**サイリスタ・レオナード方式**（thyristor-Leonard system）が利用される。これはSCRを使って交流を直流に変換して，さらにゲート信号で直流電圧を制御する方式である。レオナード方式は，圧延機や大形の巻上機などに広く利用されているが，交流電動機のインバータ制御に替わりつつある。

## 3.3　交流電動機

### 3.3.1　三相誘導電動機

**（1）　原理と構造**　図3.16のように永久磁石を矢印の方向に移動させると，アルミニウム円板はこれと同じ方向に回転する。これは磁石の移動により円板が磁束を切って円板上に**渦電流**（eddy current）が図のように流れ，渦電流と磁石の磁束との相互作用で円板にトルクが発生するもので，発明者の名をとって**アラゴの円板**（Arago's disk）という。

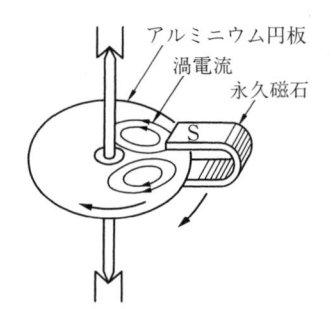

図3.16　アラゴの円板

誘導電動機はこの原理を応用して，磁石を移動させる代わりに，交流電流で回転する磁界をつくり，内側の導体を回転させるものである。

回転する磁界をつくるには，図3.17のように互いに120°ずつ隔てて配置したa，b，cの三つのコイル（三相コイル）に対称三相交流を流すと，各コイルに120°ずつの位相差をもった三つの磁界が発生する。これを合成すると，

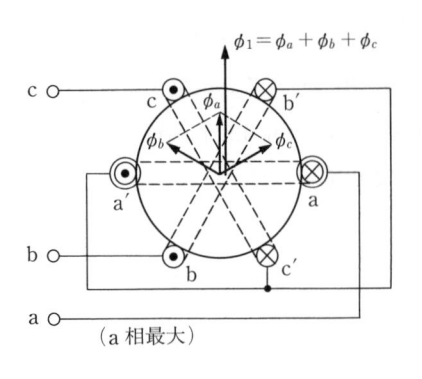

図3.17　三相交流による回転磁界

時間とともに回転する磁界，すなわち**回転磁界**（rotating magnetic field）となる。

図3.17は，a，b，cの相順で，a相の電流が最大のとき（b相，c相は大きさ1/2で方向反対）の回転磁界の方向で，つぎにb相の電流が最大になると回転磁界は120°進む。

回転磁界の回転速度 $N_s$〔rpm〕は，磁極数を $p$，周波数を $f$〔Hz〕とすると，つぎのようになる。

$$N_s = \frac{120f}{p} \text{〔rpm〕} \tag{3.7}$$

$N_s$ を**同期速度**（synchronous speed）という。図3.17では，各相1個の三相コイルが1組で，a相に最大電流が流れているから，磁極は垂直方向に上にN極，下にS極，したがって $p=2$ となる。汎用モータは，各相2個のコイル計6個（すなわち三相コイル2組）を配置し，$p=4$ のモータが多く使用されている。

誘導電動機は同期速度で運転はできない。回転力を発生させるには，回転子の導体に渦電流を発生させる必要がある。回転子が回転磁界と同じ速度で回転すれば，導体が磁束を切ることができないから渦電流が発生しない。したがって，回転子の回転速度 $N$ は同期速度 $N_s$ より必ず遅くなる。この遅れる割合を**すべり**（slip）という。すべり $s$ は次式で表される。すべりは一般に百分率で表す。汎用モータの定格負荷運転のときは5〜10%程度である。

$$s = \frac{N_s - N}{N_s} \times 100 \text{〔\%〕} \tag{3.8}$$

$$N = N_s(1-s) \text{〔rpm〕} \tag{3.9}$$

三相誘導電動機は，回転子の構造によりかご形と巻線形がある。汎用機はかご形が多く，大形機は巻線形である。

**かご形回転子**（squirrel-cage rotor）は，円板状のけい素鋼板を軸方向に成層して，その外側に軸方向の溝をつくり，アルミニウム合金または銅を埋め込み，両端を短絡環で短絡してある。導体部分がかご状になっているのでかご形

と呼ばれている．数 kW 以上では，始動トルクを大きくするために回転子の溝を深くした深みぞかご形，または溝を二重にした二重かご形誘導電動機が使用されている．

**巻線形回転子**（wound rotor）は，回転子の軸方向の溝に巻線をほどこし，その端子は**スリップリング**（slip ring）に接続し，さらにブラシを経て外部可変抵抗（二次抵抗と呼ぶ）に接続してある．運転中はブラシをスリップリングから離し，3個のスリップリングを短絡する．巻線形誘導電動機は，二次抵抗により始動トルクを大きくしたり，速度制御をすることができる．

（2）**三相誘導電動機の特性と用途**　三相かご形誘導電動機が汎用モータとして，広く利用されている理由をつぎに示す．

（ⅰ）　交流電源を使用し，取り扱いが容易である．
（ⅱ）　構造が簡単で故障が少ない．
（ⅲ）　始動・停止・逆転の制御が簡単である．
（ⅳ）　インバータで速度制御が容易になった．
（ⅴ）　安価である．

図 3.18 に三相誘導電動機の特性を示す．横軸は回転速度をすべりで表すから原点が 1，右端の同期速度の点が 0 となる．

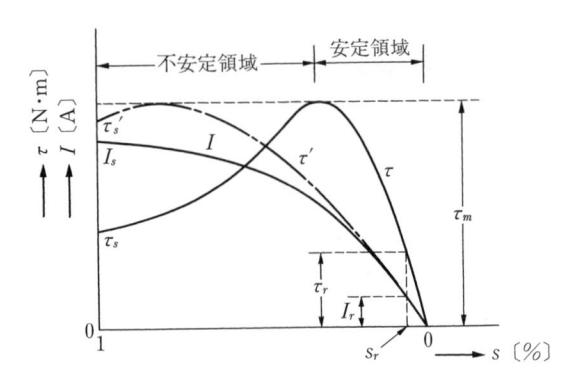

$I$：負荷電流　　$\tau$：トルク　　$s$：すべり　　$I_r$：定格電流　　$\tau_r$：定格トルク
　　　　　　$s_r$：定格回転数　　$\tau_m$：最大トルク（停動トルク）

図 3.18　三相誘導電動機の特性

普通かご形誘導電動機は，始動電流 $I_s$ が定格負荷電流の5～7倍となり，大きな突入電流が流れる。始動トルクは定格負荷トルクの1.2倍くらいで，重負荷の始動は困難である。始動方法は，およそ5kW以下の小形は全電圧始動法（直入始動法ともいう），容量が大きくなるとY-△（スターデルタ）法，始動補償器法などがある。Y-△法は，Y結線で始動し，定格速度近くに達したときに△結線に切換える方法である。Y-△始動法については8章で詳しく述べる。

**巻線形誘導電動機**は，回転子巻線がスリップリングとブラシをとおって外部抵抗に接続してある。外部抵抗を増加すると，図3.18のトルク特性 $\tau$ が $\tau'$ のように左へ推移して，始動トルク $\tau_s$ が $\tau_s'$ になり，最大トルクに近い大きな値となる。これを**トルクの比例推移**という。同様に，負荷電流（一次電流）も二次抵抗を調整することによって，比例推移で始動電流を小さくすることができるので始動特性が改善される。したがって，始動時は外部抵抗を最大にし，運転時は0にする。外部抵抗を一般に始動抵抗器という。

三相誘導電動機を逆転させるには，固定子のコイルに加える三相交流の任意の2線を入れ換える。これはかご形も巻線形も同じである。

三相誘導電動機が最も短所とした速度制御がインバータの進歩によって容易となり，産業用アクチュエータとしてあらゆる現場に使用されている。

### 3.3.2 単相誘導電動機

一般の家庭に供給されている単相交流では，簡単に回転磁界ができない。したがって，洗濯機や冷蔵庫などに使用されている単相誘導電動機は回転磁界をつくるためにいろいろな工夫がされて，種類も多い。なかでも広く使用されている**コンデンサモータ**の始動原理について説明する。

コンデンサモータは，図3.19(a)のように主コイルaと，コンデンサを直列に接続した始動コイルbを90°隔てて配置し，単相交流を加えると図(b)のベクトル図のように，始動巻線bに流れる電流 $I_b$ は $I_a$ より位相がほぼ90°進み，二相交流ができる。その結果，図(d)に示すように①→②→③→④の順に，時計方向に回転する磁界が発生し，回転子が回転する。このような回転磁

(a) 回路図  (b) ベクトル図  (c) 電流波形

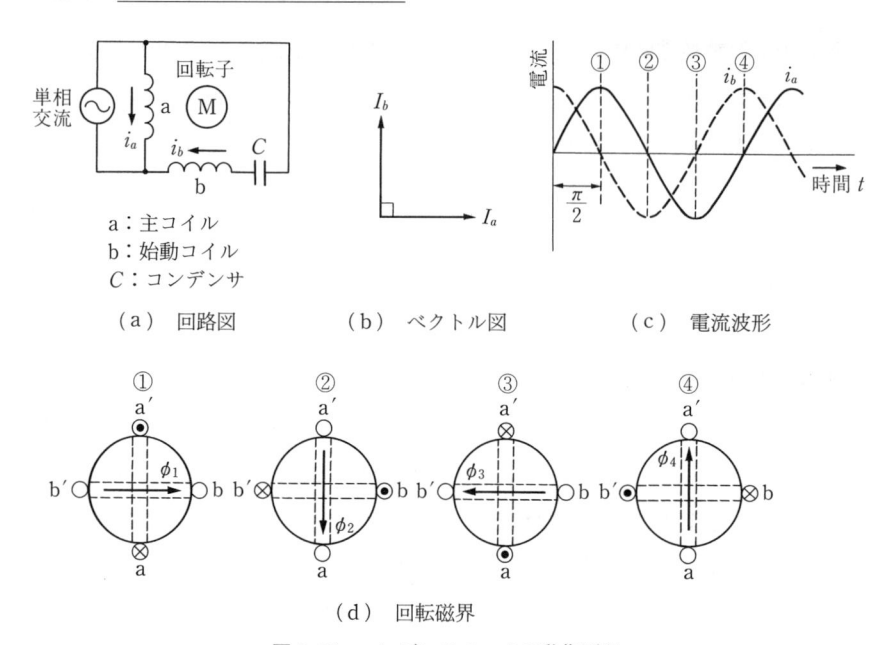

(d) 回転磁界

図 3.19　コンデンサモータの動作原理

界を**移動磁界**ともいう。

図(c)は $I_a$ と $I_b$ の電流波形で，$I_b$ が $I_a$ より 90°位相が進んでいる。①の瞬間では，$i_a$ が最大で $i_b$ は 0 であるから，図(d)①のコイル a-a′ に $i_a$ の最大値が流れて，コイルの a-a′ と直角に図のような磁界 $\phi_1$ ができる。②の時点では，$i_a$ が 0 で $i_b$ が最大であるから，図②のようにコイル b-b′ と直角に，①から 90°回転した磁界 $\phi_2$ ができる。このようにして，図(d)の①→②→③→④の順に磁界が回転して回転子は 1 周期で 1 回転する。

### 3.3.3　同 期 電 動 機

同期速度で運転する電動機を**同期電動機**（synchronous motor）という。固定子は，三相誘導電動機と同様に三相巻線を配置し，三相交流を流して回転磁界をつくる。回転子は，界磁巻線を直流で励磁して磁極をつくる。回転子の磁極と回転磁界の吸引力でトルクを発生し，回転磁界と同じ速度，すなわち同期速度で回転する。

回転子は慣性が大きいので，停止中の磁極を瞬間に同期速度に引き入れるこ

とはできないため，始動に工夫が必要である．始動法に自己始動法と始動電動機による方法とがある．小形の同期電動機は一般に自己始動法が用いられる．

自己始動法は，同期速度近くまでは三相誘導電動機と同じ原理で始動し，同期速度近くになったら，回転子の磁極に直流励磁を加え，回転子を同期速度に引き入れて，同期電動機として運転する．回転子には，始動トルクを発生させるために，誘導電動機のかご形回転子によく似た棒状の導体が埋め込まれている．これを制動巻線ともいう．

**単相同期電動機**はほとんどがブラシレスモータで，リラクタンス形，永久磁石形などがある．

同期電動機は，力率や効率がよいので長時間運転する負荷に有利である．三相同期電動機は，製鉄用圧延機，製紙用砕木機，送風機などに，また力率改善用として同期調相機に用いられている．

単相同期電動機は，電気時計，CDプレーヤ，事務機などに使用されている．

## 3.4 ステッピングモータ

### 3.4.1 原　　　理

**ステッピングモータ**（stepping motor）は，パルス信号で駆動し，一定の角度だけ回転させるのに適している．回転角度は入力パルス数に比例し，回転速度は加えるパルス周波数に比例する．パルスを入力とするので**パルスモータ**（pulse motor）とも呼ばれる．これは，パルス数を変位に変換するモータである．

**図3.20**は可変リラクタンス形の原理図である．回転子は磁束を通しやすい軟鋼でできている．固定子は，A相，B相，$\bar{\text{A}}$相，$\bar{\text{B}}$相の4相の励磁コイルがスロットに配置されている．

図において，スイッチ$S_1$を閉じるとA相が励磁され，固定子磁極の電磁力で回転子が吸引されて図に示すA相の位置で停止する．つぎに$S_1$を開き，$S_2$を閉じるとB相が励磁されて，回転子はB相の磁極に吸引されて，時計方向

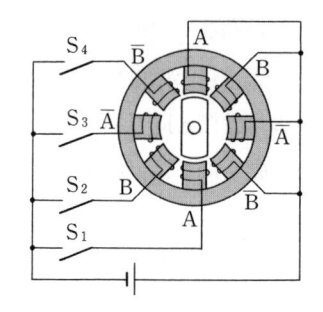

**図 3.20** ステッピングモータの原理
（可変リラクタンス形）

に 45°回転して停止する．スイッチを順次切り換えるかわりに，各相の励磁コイルにパルス電流を流すと，入力したパルスの数だけ回転子が回転する．1 パルスの入力で回転する角度を**ステップ角**（step angle）という．これはモータの構造や励磁方式によって異なるが 1.8°が標準的である．

逆回転させるには，パルスを加える順序を $\overline{B} \to \overline{A} \to B \to A$ の順にすればよい．

励磁方式は，図の一相励磁のほかに，二相励磁，一-二相励磁などがある．

二相励磁方式は，A 相 B 相，B 相 $\overline{A}$ 相の順に，同時に二相ずつ励磁する方式で，ステップ角は一相励磁と同じであるが，大きなトルクが得られる．また，回転子は各相の磁極の中間の位置で停止する．

一-二相励磁方式は，一相励磁と二相励磁を交互におこなう方式で，ステップ角は一相励磁の 1/2 になる．

### 3.4.2 ステッピングモータの種類と特性

ステッピングモータは，動作原理および構造の違いから**可変リラクタンス形**（variable reluctance type：VR 形），**永久磁石形**（permanent magnet type：PM 形）および**ハイブリッド形**（hybrid type：HB 形）などがある．

VR 形は，回転子が歯車状をした軟鋼でできているので，ステップ角は 0.18°から 15°まで種類が多い．1.8°が多く利用されている．

PM 形は，回転子が歯車状の永久磁石で，励磁コイルがつくる磁界の電磁力で回転する．ステップ角は 3.75～120°と比較的大きいものが多い．

HB 形は，回転子が歯車状で，軸方向に磁化された永久磁石でできている．

固定子は，VR形，PM形と同様に固定子鉄心に励磁コイルが巻かれて，磁極を形成している。磁極の表面が回転子と同じように歯車状で，歯の1個ずつが磁極の働きをしている。ステップ角は，歯幅と励磁方式で決まるが，0.72°から15°くらいまでの種類がある。小形機は0.72°または1.8°が多い。VR形，PM形に比べて高トルクで応答が早い。

ステッピングモータの用途は，電子計算機の周辺機器，NC工作機械，工業用計器などに利用される。特に間欠的な駆動源に適している。

## 3.5 サーボモータ

飛行機や人工衛星の姿勢制御および工作機械の工具の位置制御など制御量が機械的位置である自動制御系を**サーボ機構**（servomechanism）という。すなわち，物体の位置，姿勢などを制御量として，目標値の任意の変化に追従するように構成されたフィードバック制御系である。サーボ機構の駆動用に使用するモータを**サーボモータ**（servomotor）という。

### 3.5.1 サーボモータの特徴

通常のモータに比べて，頻繁に始動・停止および正転・逆転が繰り返され，急加速・急減速にも対応し，しかも始動トルクが大きく，入力の変化に速応できる構造になっている。したがって，慣性を小さくし，始動トルクを大きくするために，回転子の直径を小さく，軸方向の長さを大きくしてある。種類は直流サーボモータと交流サーボモータがある。

### 3.5.2 直流サーボモータ

**直流サーボモータ**（DC servomotor）の動作原理は直流電動機と同じである。固定子の界磁は，一般に永久磁石を用いる。回転軸に，回転角や回転速度を検出するセンサが直結されている。一般に回転角の検出には，ポテンショメータ，光電子エンコーダなどが用いられ，回転速度の検出には，直流発電機（**タコメータ**：tachometer generator）が使用される。

整流子などの騒音，保守などに難点があり，交流ブラシレスモータに替わりつつある。

特殊な直流サーボモータに，慣性をごく小さくしたディスク形プリントモータ，コアレスモータなどがある。

### 3.5.3 交流サーボモータ

**交流サーボモータ**（AC servomotor）は，一般にブラシレスモータが用いられる。回転子は永久磁石を使用し，固定子の電機子は三相または四相巻線で構成されている。回転軸には，直流サーボモータと同様に回転角や回転速度を検出するセンサが直結されている。

速度制御は，サイリスタによる一次電圧制御法またはインバータによる周波数制御法が用いられている。

一次電圧制御法は，駆動装置は比較的簡単であるが，減速すると効率および力率がともに悪くなる。また，可変速度範囲も狭い。

周波数制御法は，可変速度範囲が広く，効率もよく，しかも高精度であるが駆動装置がやや複雑になる。

ほかに，ホール素子を利用した**ホールモータ**（Hall motor）がある。回転子は永久磁石を利用し，固定子の電機子巻線は二相または三相のブラシレスモータである。

## 3.6 その他のアクチュエータ

### 3.6.1 ソレノイド

**ソレノイド**（solenoid）は，電磁石の吸引力を利用したアクチュエータで，引張りや押し出す直線運動を直接利用して，コンベヤシステムや自動販売機などの振り分けに利用したり，電磁石とバルブを組合せた電磁弁で空気圧や油圧装置の制御に用いられる。

中空のコイルに電流を流すと磁界が発生し，コイルの中にある可動鉄心（**プランジャ**：plunger）がコイルの中心部に吸引される。吸引力を発生する可動鉄心の反対側は押す力を発生する。吸引力を利用するものを**プル形**（pull type），押す力を利用するものを**プッシュ形**（push type）という。また，交流でコイルを励磁するものをACソレノイド，直流で励磁するものをDCソレノ

イドという。

可動鉄心の利用できる移動距離を**ストローク**（stroke）という。ストロークの大きさは 15～30 mm 位で，ストロークが小さいほど吸引力は大きい。吸引力はコイルの印加電圧の 2 乗に比例する。軽負荷または無負荷で動作させると，衝撃でソレノイドを破損するおそれがあるので注意を要する。

図 3.21 は AC および DC ソレノイドの一例である。

（a） AC ソレノイド　　　　（b） DC ソレノイド
図 3.21　ソレノイド

### 3.6.2　電　磁　弁

**電磁弁**（electromagnetic valve）は，電磁石の吸引力を利用して弁を開閉させ，空気や水，油などの流体の制御を行うもので，ソレノイドを利用しているから**ソレノイドバルブ**（solenoid valve）ともいう。構造が簡単で，動作が確実であるから，シリンダと組合せて広く利用されている。

基本的には，流体の断続を制御するものと，流体の流れる方向を制御するものとがある。弁の入口と出口をポートという。図 3.22 にその例を示す。

（a） 2 ポート弁　　　　（b） 4 ポート弁
図 3.22　電　磁　弁

―――――――――――― 練 習 問 題 ――――――――――――

3.1 家庭用電気製品に使用されているアクチュエータをあげよ。
3.2 トランジスタを用いた電力増幅回路のA級とB級の違いについて述べよ。
3.3 電流増幅率が120のトランジスタをダーリントン接続にして使用すると電流増幅率はいくらになるか。
3.4 ホトカプラの発光素子と受光素子に一般に使用されているものは何か。
3.5 トランジスタで電磁リレーなどの誘導負荷を駆動する場合，誘導負荷のコイルと並列に接続するダイオードの使用目的について述べよ。
3.6 SCRとトライアックの相違点をあげよ。
3.7 図3.5(a)のSCRを利用した調光装置の回路図において，ランプを明るくするには，可変抵抗器VRの接点を上下どちらへスライドするとよいか。また，その理由について述べよ。
3.8 図3.7(a)のトライアックを利用した制御回路において，負荷の供給電圧 $v_o$ を小さくするには，可変抵抗VRの抵抗値を増加させるか，減少させるか。また，その理由を述べよ。
3.9 ダイアックについて説明せよ。
3.10 インバータの制御方式を三つあげよ。
3.11 図3.10において，モータIMに三相交流の一相分 $I_{U-V}$ を流すにはどのトランジスタをONにするか。
3.12 直流電動機の種類を，界磁コイルと電機子コイルの接続方法で図示せよ。
3.13 直流電動機の速度制御の方法を簡単に説明せよ。
3.14 直流直巻電動機を，無負荷または軽負荷で運転してはいけない理由を説明せよ。
3.15 直流電動機が誘導電動機に比べて，構造上でどのような難点があるか。
3.16 周波数60 Hzの三相交流電源に接続した6個の固定子巻線（極数4）をもつ三相誘導電動機の同期速度を求めよ。
3.17 周波数50 Hzの三相交流電源に接続した三相誘導電動機が，すべり3%で運転しているときの同期速度と回転速度を求めよ。ただし，固定子巻線は3個とする。
3.18 三相誘導電動機の回転方向を逆にする方法を述べよ。
3.19 図3.18の三相誘導電動機の特性において，トルク特性が最大トルクの左側はなぜ不安定領域となるか，説明せよ。
3.20 コンデンサモータの動作原理を説明せよ。

- 3.21 図3.19(c)において，①と②の中間点における図(d)の磁界の方向を示せ。
- 3.22 コンデンサモータを逆転させる方法を述べよ。ただし，主コイルと始動コイルのインピーダンスは同じとする。
- 3.23 ステップ角1.8°のステッピングモータに2000パルスを加えると，モータは何回転するか。
- 3.24 二相励磁でステップ角が1.8°のステッピングモータを一-二相励磁で利用する場合，パルスを300加えたときの回転角を求めよ。
- 3.25 交流サーボモータを誘導電動機と比較した場合，構造上の相違点を述べよ。
- 3.26 ソレノイドバルブの用途について述べよ。

# 4 シーケンス図の見方・書き方

　回路図を読み，さらに書くことは，シーケンス制御を修得するために不可欠である。回路図を構成する JIS 電気用図記号および JEM 自動制御器具番号と，シーケンス図の見方・書き方について解説する。

## 4.1　リレーシーケンス図

### 4.1.1　電気用図記号

　電気回路を図面に表す方法として，実体配線図と回路図がある。実体配線図は書くのにたいへん手数がかかり，煩雑で理解しにくいので一般に回路図を用いる。シーケンス制御では図路図をシーケンス制御展開接続図，本書では略してシーケンス図という。シーケンス図では，一般の回路図と同様に電気用図記号を用いる。電気用図記号をシンボル（symbol）ともいう。電気用図記号は，共通性をもたせるために日本工業規格 **JIS C** で統一されている。

　国際的には，日本も加盟している **IEC**（International Electrotechnical Comission：国際電気標準会議）規格があり，世界の各国が IEC 規格を尊重し，協調をはかっている。

　**JIS 規格**は IEC 規格との整合をはかって，1999 年に改訂があり，JIS C 0301 を廃止し，新たに JIS C 0617 が制定された。これは，IEC 60617 に完全整合した翻訳 JIS である。

　しかし，改訂前の JIS C 0301 の図記号は，日本の産業界では，古くから使われ，親しまれて現在でも広く普及している。したがって，本書では JIS C 0617（1999）を基本とし，改訂前の図記号を旧図記号とことわって一部併記す

ることにする。

ここでいう改定に関係する電気用図記号とは，接点，スイッチ，開閉装置，始動器および補助継電器などの JIS の各部門である。

### 4.1.2 シーケンス図

シーケンス制御を理解し，制御系の設計，運転，保守などを行うには，シーケンス図を読むことと，書くことが不可欠である。

シーケンス図とは，電気用図記号を使って，制御系を構成する各要素の動作や機能が簡単に理解でき，さらに試験や保守が容易にできるようにした電気回路図である。

## 4.2 シーケンス図の見方・書き方

### 4.2.1 シーケンス図の書き方

図 4.1 はシーケンス図の一例である。図は遅延動作回路で，入力信号を加えても，出力回路はすぐ動作しないで，設定時間遅れて動作する回路である。

上下の横線は，制御電源の母線で P は直流の**正極**（positive）へ，N は**負極**（negative）へ接続する。交流の制御電源を用いる場合は相順を表す記号 R，T を用いる。

JIS ではシーケンス図をつぎのように分類している。図 4.1( a )，( b ) のように，制御電源母線を左右方向に書き，要素の接続線の方向が大部分上下方向であるシーケンス図を**縦書き展開接続図**という。また，要素の接続線の方向が大部分左右方向であるシーケンス図を**横書き展開接続図**という。

各要素の接続は，実際の機器の配置と関係なく，原則として動作の順序に従って，縦書きでは上から下へ，横書きでは左から右へ並べて書くようにする。

なお，開閉接点を含む図記号は，つぎのような状態で示す。
（ⅰ）　電源やエネルギー源が OFF の状態
（ⅱ）　接点が手動操作のものは操作部に手をふれない状態
（ⅲ）　復帰する接点は復帰している状態

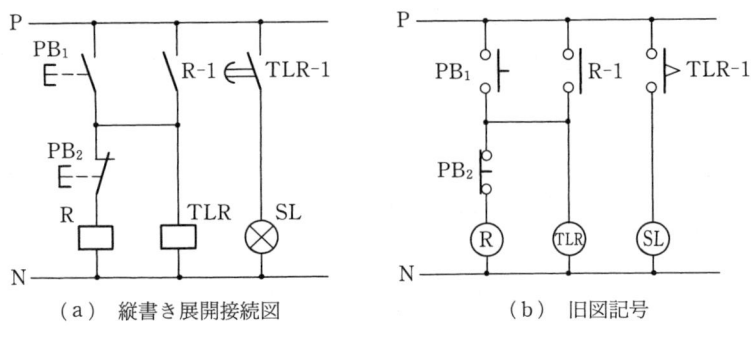

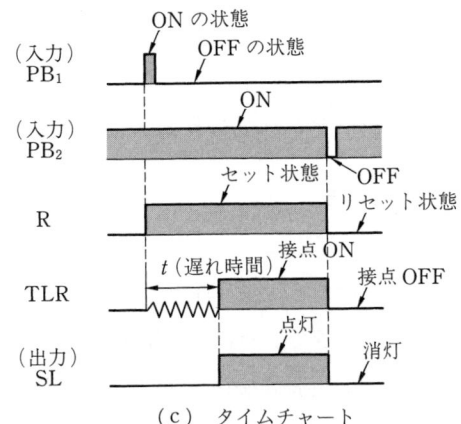

**図 4.1　シーケンス図の例**
（遅延動作回路）

### 4.2.2　シーケンス図の読み方

図 4.1(a)，(b)において，$PB_1$ は押しボタンスイッチの a 接点で，制御回路を始動させる。$PB_2$ は押しボタンスイッチの b 接点で，制御回路を停止させる。

R は電磁リレーのコイルで，R-1 はその a 接点である。TLR は限時継電器（タイマ）で，TLR-1 は限時動作をする a 接点である。

$PB_1$ を押すと，R に電流が流れ，リレーが動作して a 接点 R-1 が閉じる。すると，$PB_1$ を OFF にしても，電流が閉じた R-1 をとおって R の励磁を続

ける。このように，リレーの動作を自己の接点で保持する回路を自己保持回路という。リレー接点 R-1 が閉じるとタイマ TLR がはたらいて，タイマの設定時間 $t$ 秒後に限時接点 TLR-1 が ON となって表示灯 SL が点灯する。

以上の動作を図に表すと図 4.1(c) のようになる。これを**タイムチャート** (time chart) という。タイムチャートは，制御系の各要素がどのように動作を進めるかを図式化したもので，横軸に時間の経過を，縦軸に各要素の動作状態を表す。タイムチャートが読めると，制御系全体の動作の推移と，機器相互の関連性がよくわかる。

――――――――――――――― 練 習 問 題 ―――――――――――――――

4.1 JIS 規格と IEC 規格との関連について簡単に述べよ。
4.2 縦書き展開接続図と横書き展開接続図の違いについて述べよ。

# 5 シーケンス制御の基礎理論

シーケンス制御や情報技術はディジタル技術が基礎になっている。ディジタル信号およびブール代数とその応用について解説する。

## 5.1 シーケンス制御の信号

ラジオのスイッチの動作は，ONかOFFの二つしかない。このような制御信号を2値信号という。シーケンス制御の制御信号は，"1"か"0"の2値のディジタル信号である。シーケンス制御は，無接点化が進み，コンピュータとリンクする関係から，ディジタル信号とその処理について理解する必要がある。

### 5.1.1 ディジタル信号

シーケンス制御で扱う論理回路を集積したTTL形のディジタルICは，ディジタル信号で操作する。TTL形ICは，直流5Vを"H"(high)レベル，0Vを"L"(low)レベルとしている。正論理では，Hレベルを"1"，Lレベルを"0"として扱う。

**2値信号**（binary signal）とは，H，Lまたは1，0のように二つの文字や数値を使って情報を伝える信号をいう。2値信号を扱う回路が**ディジタル回路**である。

### 5.1.2 2進数と16進数

われわれが日常使用している数は，0から9までの10種類の数字を組合せて表現する10進数である。ディジタルICやコンピュータで使われている2値信号で数を表現するために，0と1の2種類の数字だけを使って表現する数

を **2 進数**（binary number）という。2 進数で表現する方法を **2 進法**（binary notation）という。

1 けたの 2 進数の "0" か，"1" かは二者択一の情報で，これを情報量の最小単位として 1 **ビット**（bit）と呼ぶ。

10 進数と 2 進数の表現方法を比較するとつぎのようになる。10 進数の 105 を例に比較してみる。

10 進数　$(105)_{10} = 1 \times 10^2 + 0 \times 10^1 + 5 \times 10^0$
$= 100 + 0 + 5$
$= 105$

2 進数　$(1101001)_2 = 1 \times 2^6 + 1 \times 2^5 + 0 \times 2^4 + 1 \times 2^3 + 0 \times 2^2 + 0 \times 2^1 + 1 \times 2^0$
$= 64 + 32 + 0 + 8 + 0 + 0 + 1$
$= 105$

10 進数は，各けたが 10 になるとけた上げをするが，2 進数では 2 になるとけた上げをする。

同じ考え方で，各けたが 16 になるとけた上げをする数を **16 進数**（hexadecimal number）という。これは，0～9 の 10 種類の数字と，A～F の 6 種類の記号を組合せて表現する。

$(365)_{10}$ を 16 進数で表すと，つぎのようになる。

16 進数　$(16\,\mathrm{D})_{16} = 1 \times 16^2 + 6 \times 16^1 + \mathrm{D} \times 16^0$
$= 256 + 96 + 13$
$= 365$

**表** 5.1 に，10 進数，2 進数，8 進数，16 進数の換算表を示す。

### 5.1.3　10 進数・2 進数・16 進数の相互変換

（1）　**10 進数を 2 進数に変換**　　10 進数を 2 進数へ変換するには，10 進数の数を順次 2 で割っていき，その余りを終りから順に並べればよい。例えば，10 進数の 50 を 2 進数に変換するとつぎのようになる。

## 5. シーケンス制御の基礎理論

**表5.1** 換算表

| 10進数 | 2進数 | 8進数 | 16進数 |
|---|---|---|---|
| 1 | 1 | 1 | 1 |
| 2 | 10 | 2 | 2 |
| 3 | 11 | 3 | 3 |
| 4 | 100 | 4 | 4 |
| 5 | 101 | 5 | 5 |
| 6 | 110 | 6 | 6 |
| 7 | 111 | 7 | 7 |
| 8 | 1000 | 10 | 8 |
| 9 | 1001 | 11 | 9 |
| 10 | 1010 | 12 | A |
| 11 | 1011 | 13 | B |
| 12 | 1100 | 14 | C |
| 13 | 1101 | 15 | D |
| 14 | 1110 | 16 | E |
| 15 | 1111 | 17 | F |
| 16 | 10000 | 20 | 10 |
| 17 | 10001 | 21 | 11 |
| 18 | 10010 | 22 | 12 |
| 19 | 10011 | 23 | 13 |
| 20 | 10100 | 24 | 14 |
| 30 | 11110 | 36 | 1E |
| 40 | 101000 | 50 | 28 |
| 50 | 110010 | 62 | 32 |
| 100 | 1100100 | 144 | 64 |

```
2 ) 50      余り
2 ) 25      0   ↑
2 ) 12      1   │
2 )  6      0   │
2 )  3      0   │
     1      1   │
```

$(50)_{10} = (110010)_2$

**図5.1**は，10進数を2進数に変換する回路の例である。回転スイッチで10進数の7を入力すると，ダイオードをとおして7の縦線よりアースされる横線は出力されない。したがって，ランプ $L_0$ と $L_4$ は消え，$L_1$, $L_2$, $L_3$ が点灯し

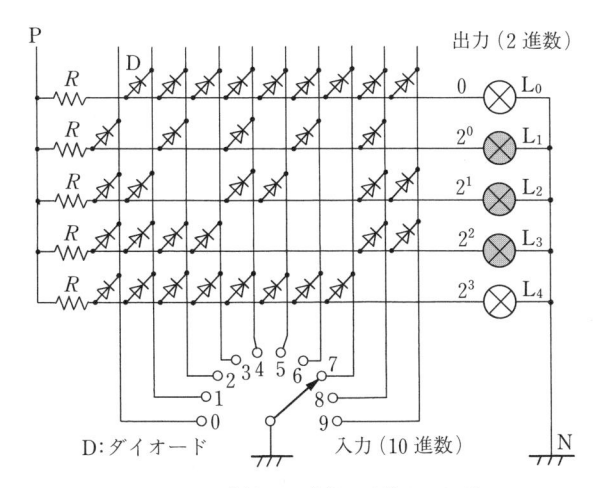

**図5.1** 10進数を2進数に変換する回路

て2進数の出力111を表示する。このように，目的に応じて縦線と横線をダイオードで接続する回路を**ダイオードマトリクス**（diode matrix）という。

10進数を2進数に変換する回路を**エンコーダ**（encoder）という。2進符号に変換するので**符号器**ともいう。エンコーダについては6章で詳しく述べる。

（２） **10進数を16進数に変換**　　2進数へ変換する方法と同じで，10進数の数を順次16で割っていき，その余りを並べると16進数になる。16進数を表すには，0〜9は10進数と同じで，10から15までは英字のAからFを用いて1けたで表す。10進数の1500を16進数に変換するとつぎのようになる。

$$
\begin{array}{r|rl}
16) & 1500 & \text{余り} \\
16) & 93 & 12\,(\text{C}) \\
& 5 & 13\,(\text{D})
\end{array}
$$

$(1500)_{10} = (5\,\mathrm{DC})_{16}$

（３） **2進数・16進数を10進数に変換**　　2進数から変換する場合は，それぞれのけたの数値に下位から $2^0$，$2^1$…の2の累乗（重みともいう）をかければよい。16進数から変換する場合は，16の累乗をかければよい。

2進数 $(111010)_2$ を10進数に変換するとつぎのようになる。

$$(1\ 1\ 1\ 0\ 1\ 0)_2 = (1\times 2^5+1\times 2^4+1\times 2^3+0\times 2^2+1\times 2^1+0\times 2^0)_{10}$$

$$\qquad\qquad\qquad\ = (32+16+8+0+2+0)_{10}$$

$$2^5\ 2^4\ 2^3\ 2^2\ 2^1\ 2^0\ = (58)_{10}$$

$$\therefore\quad (1\ 1\ 1\ 0\ 1\ 0)_2 = (58)_{10}$$

つぎに，16進数の $(A\ 3\ B)_{16}$ を10進数に変換すると

$$(A\ 3\ B)_{16} = (A\times 16^2+3\times 16^1+B\times 16^0)_{10}$$

$$\qquad\qquad = (10\times 256+3\times 16+11\times 1)_{10}$$

$$\qquad\qquad = (2619)_{10}$$

図5.2は，2進数を10進数に変換する回路例である。理解を容易にするために，2進数の入力に手動操作の残留接点（ロック式押しボタンスイッチ）を，10進数の出力に表示ランプを使用しているが，出力回路に7セグメントのLED1個を使って，直接10進数をディジタル表示させることも可能である。このように，2進数（2進符号）を10進数のデータに変換する回路を**デコーダ**（decoder）または**復号器**という。デコーダについては，6章で詳しく述べる。

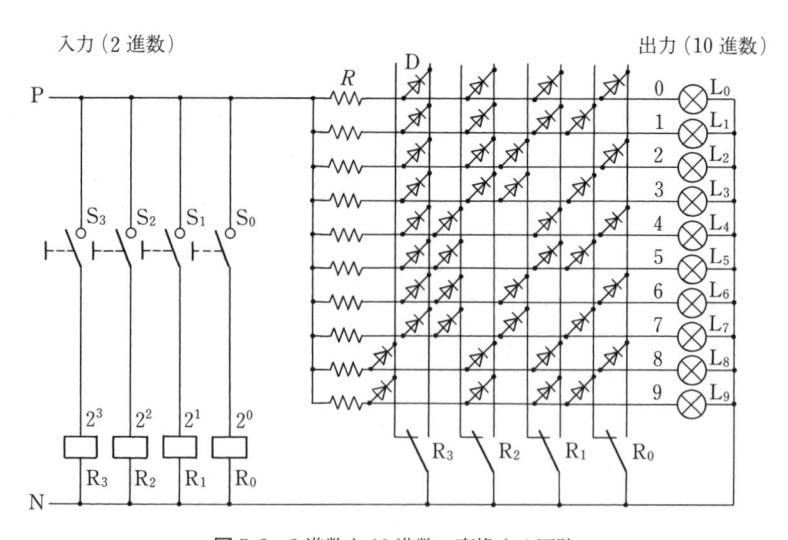

図5.2　2進数を10進数に変換する回路

**(4) 2進数の演算**

**(a) 加算** $(1001)_2 + (1101)_2$ の演算は

```
   1001
 + 1101
 ──────
  10110
  ↑
```

けた上げ（carry）

∴ $(1001)_2 + (1101)_2 = (10110)_2$

検算　$(9)_{10} + (13)_{10} = (22)_{10}$

**(b) 減算** $(1011)_2 - (0101)_2$ の演算は

借り（borrow）

```
   1011
 − 0101
 ──────
    110
```

∴ $(1011)_2 - (0101)_2 = (110)_2$

検算　$(11)_{10} - (5)_{10} = (6)_{10}$

コンピュータでは補数演算を行う。

〔別解〕　減数 0101 の2に対する補数を求めると

（1と0を全部入れ替える）

0101 ┄┄┄┄┄┄┄┄> 1010 　（1の補数）

```
   +   1    （1を加える）
   ─────
    1011    （2の補数）
```

被減数 $(1011)_2$ に2に対する補数を加えると

```
   1011
 +1011
 ─────
 1 0110
```

けた上がりは無視　　∴ 答 $= (0110)_2$

## 5.2 ブール代数

1847年，イギリスの数学者ジョージ・ブール（George Boole）が，「論理の数学的解析」という研究を発表したのがブール代数のはじまりである。その後，ド・モルガン（A. De Morgan），シュレーダ（Schröder）により研究が進められ，「論理代数」に発展し，さらに1938年，アメリカのシャノン（C. E. Shanon）が，これをスイッチング回路に導入して，自動交換機や計算機の論理回路の設計に応用したのである。それ以来，ディジタル技術の開発に利用され，今日のコンピュータや自動制御の発展に寄与している。

### 5.2.1 ブール代数とは

**ブール代数**（Boolean algebra）は，回路のONとOFFの二つの状態を"1"と"0"に対応させた2値論理から，論理回路の状態を代数の演算のように扱う数学である。ブール代数を**論理代数**（logical algebra）ともいう。

コンピュータで使用されている信号は，前に述べたように電圧の"H"，"L"の2値信号であり，ブール代数も同じく2値信号"1"と"0"だけを使用する。これは接点のON・OFF，表示灯の点・滅と対応させたもので，"1"・"0"は普通の代数のように数値を表すのではない。2値論理を使って，回路や論理の状態を数式の形で代数の演算のように扱うのがブール代数である。

**（1） ブール代数の効用**　ブール代数を利用すると，回路素子の最小化の設計ができる。スイッチング回路でその例を示す。

図5.3(a)のような12個の接点をもつスイッチング回路があるとする。まず，回路を論理式に置き換え，その論理式をブール代数を使って簡略化するとAのみとなるので，図(a)を図(b)に置き換えることができる。図(b)は図(a)の等価回路である。すなわち，1個の接点を使うだけで，12個の接点をもつ回路とまったく同じ動作をさせることができる。したがって，接点を11個節約できたことになる。この手法については5.2.8項で詳しく述べる。ブール代数で扱う等式を**論理式**（logic equation）という。

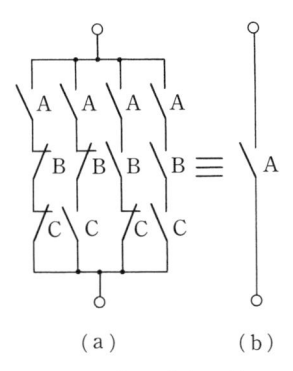

図5.3　ブール代数の効用

（2）**ブール代数の論理演算**　ブール代数は，AND，OR，NOT の基本論理演算の組合せであり，変数がとる値は1と0のみである。したがって，論理回路の入出力も1または0のいずれかである。

表5.2に基本論理演算およびその拡張である NAND と NOR の関係を示す。論理演算 AND，OR，NOT は，つぎのように定義されている。

（ⅰ）　AND 演算：入力 A，B がともに1であるか。
（ⅱ）　OR 演算：入力 A または B が1であるか。

表5.2　基本論理演算

| 論理演算 | 論理式 | 論理記号 |
|---|---|---|
| AND | $X=A\cdot B$ | |
| OR | $X=A+B$ | |
| NOT | $X=\overline{A}$ | |
| NAND | $X=\overline{A\cdot B}$ | |
| NOR | $X=\overline{A+B}$ | |

(iii) NOT 演算：入力の状態を反転する。

### 5.2.2 ブール代数の公理と定理

**（1） ブール代数の公理**　論理演算の定義から，つぎの公理ができる。

〔公理1〕（AND 演算）

$0 \cdot 0 = 0$

$0 \cdot 1 = 0$

$1 \cdot 0 = 0$

$1 \cdot 1 = 1$

〔公理2〕（OR 演算）

$0 + 0 = 0$

$0 + 1 = 1$

$1 + 0 = 1$

$1 + 1 = 1$

〔公理3〕（NOT 演算）

$\bar{0} = 1$

$\bar{1} = 0$

**（2） ブール代数の定理**　上記の公理から導いた定理をつぎに示す。ここで，$A+B$ を $A$ or $B$，$A \cdot B$ を $A$ and $B$，$\bar{A}$ を $A$ バーと読む。

〔定理1〕

$A + 0 = A$ \hfill (5.1 a)

$A \cdot 1 = A$ \hfill (5.1 b)

〔定理2〕

$A + 1 = 1$ \hfill (5.2 a)

$A \cdot 0 = 0$ \hfill (5.2 b)

〔定理3〕 同一の法則

$A + A = A$ \hfill (5.3 a)

$A \cdot A = A$ \hfill (5.3 b)

〔定理4〕 否定の法則

$$A+\overline{A}=1 \tag{5.4a}$$
$$A \cdot \overline{A}=0 \tag{5.4b}$$

〔定理5〕
$$\overline{\overline{A}}=A \tag{5.5}$$

〔定理6〕 交換の法則
$$A+B=B+A \tag{5.6a}$$
$$A \cdot B=B \cdot A \tag{5.6b}$$

〔定理7〕 結合の法則
$$A+(B+C)=(A+B)+C \tag{5.7a}$$
$$A \cdot (B \cdot C)=(A \cdot B) \cdot C \tag{5.7b}$$

〔定理8〕 分配の法則
$$A \cdot (B+C)=A \cdot B+A \cdot C \tag{5.8a}$$
$$A+B \cdot C=(A+B) \cdot (A+C) \tag{5.8b}$$

〔定理9〕
$$(A+\overline{B}) \cdot B=A \cdot B \tag{5.9a}$$
$$A \cdot \overline{B}+B=A+B \tag{5.9b}$$

〔定理10〕 **ド・モルガン** (De Morgan) の定理
$$\overline{A+B}=\overline{A} \cdot \overline{B} \tag{5.10a}$$
$$\overline{A \cdot B}=\overline{A}+\overline{B} \tag{5.10b}$$

〔定理11〕 吸収の法則
$$A+A \cdot B=A \tag{5.11a}$$
$$A \cdot (A+B)=A \tag{5.11b}$$

### 5.2.3 カルノー図

ブール代数で扱う論理式を図法によって解くのが**バイチ・カルノー図** (Veitch-Karnaugh diagram) である。一般に**カルノー図** (Karnaugh map) という。

カルノー図は，ブール代数で表す $A \cdot B$, $A \cdot \overline{B} \cdot C$ などの変数の集合を四角形の図で示す。

**図5.4**は1変数のカルノー図である。例えば，図(a)のように変数$A$を四角形で表し，横割りにして下半分の領域を$A$とすると，上半分の領域は$\bar{A}$となる。また，図(b)，(c)のように区画の仕方は自由で，区画の面積も関係ない。

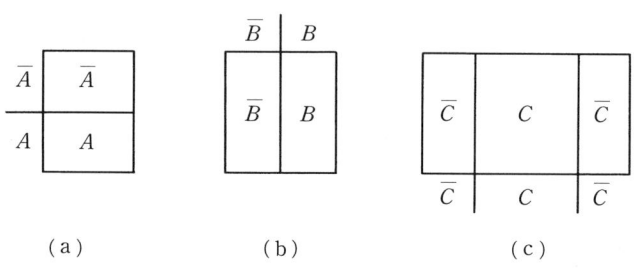

図5.4 1変数のカルノー図

図(a)と図(b)を組合せると**図5.5**のように，2変数のカルノー図ができる。各ますは2変数が重なりあっているから，その2変数のAND領域となる。例えば，上段の右側のますは，$\bar{A}$の領域と$B$の領域が重なっているから$\bar{A}\cdot B$の領域となる。

同様にして，図5.5と図5.4(c)を組合せると，**図5.6**のように3変数のカルノー図ができる。

図5.5 2変数のカルノー図　　図5.6 3変数のカルノー図

**図5.7**は，論理演算をカルノー図で表した図である。二重線の領域は$A$または$B$が占める領域であるから$A+B$と表す。斜線の部分は，$A$の領域と$B$の領域が重なっているから$A\cdot B$となる。

## 5.2 ブール代数

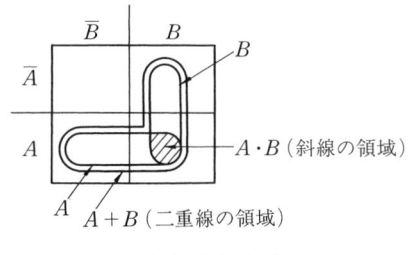

**図5.7** カルノー図

ド・モルガンの定理 ($\overline{A \cdot B} = \overline{A} + \overline{B}$) を証明するには，カルノー図を使えば簡単にできる。**図5.8**(a)において，右下の領域は $A \cdot B$ であるから，$A \cdot B$ の領域以外の領域（二重線の領域）は $\overline{A \cdot B}$ となる。したがって，図(a)と図(b)の二重線の領域は等しいから $\overline{A \cdot B} = \overline{A} + \overline{B}$ となる。

(a) $\overline{A \cdot B}$   (b) $\overline{A} + \overline{B}$   (c) $\overline{A} \cdot \overline{B} = \overline{A + B}$

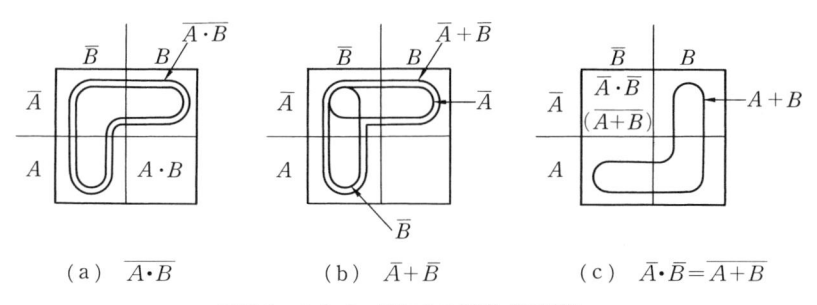

**図5.8** カルノー図による証明（2変数）

別解として，図(c)のように一つのカルノー図で証明することもできる。すなわち，左上の領域は $\overline{A} \cdot \overline{B}$ であり，また，$A + B$ の領域以外の領域でもあるから $\overline{A + B}$ の領域であるといえる。したがって，$\overline{A} \cdot \overline{B} = \overline{A + B}$ が成立する。

つぎに，3変数の例を**図5.9**に示す。図(a)は

$$\overline{A} \cdot \overline{B} \cdot \overline{C} + \overline{A} \cdot \overline{B} \cdot C + \overline{A} \cdot B \cdot C + A \cdot \overline{B} \cdot \overline{C} + A \cdot \overline{B} \cdot C + A \cdot B \cdot \overline{C}$$

に該当する領域で，6個の領域をもっている。これは図(b)で示す二つの領域

$$\overline{B} + \overline{A} \cdot B \cdot C + A \cdot B \cdot \overline{C} = \overline{B} + B \cdot (\overline{A} \cdot C + A \cdot \overline{C}) \quad (5.8\text{a})$$

より

とまったく等しいから，つぎの等式を証明したことになる。

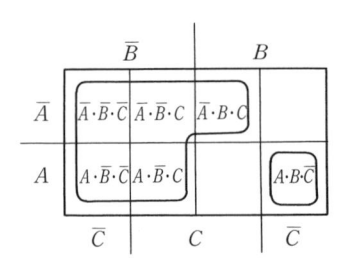

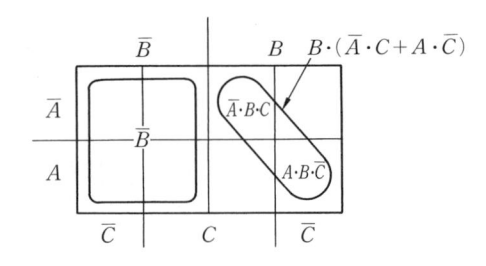

(a) $\overline{A}\cdot\overline{B}\cdot\overline{C}+\overline{A}\cdot\overline{B}\cdot C+\overline{A}\cdot B\cdot C$
$+A\cdot\overline{B}\cdot\overline{C}+A\cdot\overline{B}\cdot C+A\cdot B\cdot\overline{C}$

(b) $\overline{B}+B\cdot(\overline{A}\cdot C+A\cdot\overline{C})$

図 5.9 カルノー図による証明(3変数)

$$\overline{A}\cdot\overline{B}\cdot\overline{C}+\overline{A}\cdot\overline{B}\cdot C+\overline{A}\cdot B\cdot C+A\cdot\overline{B}\cdot\overline{C}+A\cdot\overline{B}\cdot C+A\cdot B\cdot\overline{C}$$
$$=\overline{B}+B\cdot(\overline{A}\cdot C+A\cdot\overline{C})$$

このようにして,カルノー図を使うと複雑な論理式を簡単にすることができる。論理式を簡単化すると,論理回路も簡単になり,論理素子を節約することができる。図(a)では,論理素子が10個必要であるが,図(b)では,ExORを使えば4個でできる。

### 5.2.4 ブール代数の演習

──〔例1〕────────────────────
次の式を証明せよ。
$$(A+\overline{B})\cdot B=A\cdot B$$

〔解〕 左辺に分配の法則(5.8a)を適用すると
$(A+\overline{B})\cdot B=A\cdot B+B\cdot\overline{B}$
$\qquad\qquad\quad =A\cdot B$ 　　　　　　　　　　　　(5.4b)より

〔別解1〕 カルノー図を使って証明すると図5.10のようになる。図において,斜線の領域は $A+\overline{B}$ の領域と $B$ の領域が重なっているから,$(A+\overline{B})\cdot B$ の領域となる。これは見方を変えれば,$A$ の領域と $B$ の領域が重なっているから $A\cdot B$ の領域といえる。

〔別解2〕 真理値表を使って証明することもできる。ブール代数の変数は,

5.2 ブール代数

図5.10 カルノー図による証明

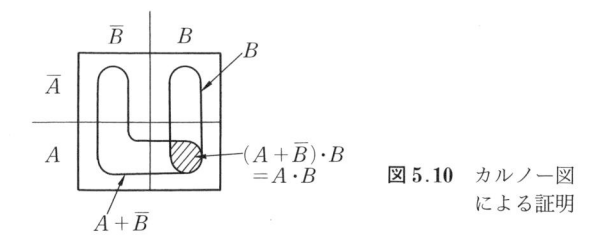

1と0しかないから，$n$個の変数に対しては，$2^n$個の組合せを考えればよい。したがって，変数は$A$，$B$ 2個であるから$2^2=4$とおりの組合せに対して，出力がすべて等しければ証明が成立する。**表5.3**は，その真理値表である。**真理値表**（truth table）とは，入力信号のとりうる1または0のすべての組合せに対して，出力信号の状態を表にしたものである。

表5.3　$(A+\bar{B})\cdot B=A\cdot B$

| $A$ | $B$ | $\bar{B}$ | $A+\bar{B}$ | $(A+\bar{B})\cdot B$ | $A\cdot B$ |
|---|---|---|---|---|---|
| 0 | 0 | 1 | 1 | 0 | 0 |
| 0 | 1 | 0 | 0 | 0 | 0 |
| 1 | 0 | 1 | 1 | 0 | 0 |
| 1 | 1 | 0 | 1 | 1 | 1 |

─〔例 2〕─────────────────

つぎの式を簡単にせよ。

（1）　$X=A\cdot(A+B+C)$

（2）　$X=A\cdot B+\bar{A}\cdot C+B\cdot C+\bar{B}\cdot C$

〔解〕　定理を使って右辺を整理する。

（1）　$X=A\cdot(A+B+C)$

$\qquad =A\cdot A+A\cdot B+A\cdot C$ 　　　　　　（5.8 a）より

$\qquad =A+A\cdot B+A\cdot C$ 　　　　　　　　（5.3 b）より

$\qquad =A\cdot(1+B+C)$ 　　　　　　　　　　（5.8 a）より

$\qquad =A$ 　　　　　　　　　　　　　　　　（5.2 a）より

(2) $X = A \cdot B + \bar{A} \cdot C + B \cdot C + \bar{B} \cdot C$

$\quad = A \cdot B + \bar{A} \cdot C + C \cdot (B + \bar{B})$ 　　　　　(5.8 a) より

$\quad = A \cdot B + \bar{A} \cdot C + C$ 　　　　　　　　　　(5.4 a) より

$\quad = A \cdot B + C \cdot (\bar{A} + 1)$ 　　　　　　　　　(5.8 a) より

$\quad = A \cdot B + C$ 　　　　　　　　　　　　　　(5.2 a) より

─〔例3〕─────────────────────────

つぎの真理値表を満足する論理式を導け。

表5.4

| $A$ | $B$ | $C$ | $X_1$ | $X_2$ | $X_3$ | $X_4$ |
|---|---|---|---|---|---|---|
| 0 | 0 | 0 | 0 | 1 | 0 | 0 |
| 0 | 0 | 1 | 0 | 1 | 0 | 1 |
| 0 | 1 | 0 | 0 | 0 | 1 | 0 |
| 0 | 1 | 1 | 1 | 1 | 0 | 0 |
| 1 | 0 | 0 | 1 | 1 | 1 | 1 |
| 1 | 0 | 1 | 1 | 1 | 1 | 0 |
| 1 | 1 | 0 | 0 | 1 | 0 | 0 |
| 1 | 1 | 1 | 1 | 0 | 0 | 1 |

〔解〕 $X_1$ について解くと，つぎのようになる。

$X_1$ が1になる横の列だけについて $A$，$B$，$C$ を使って式を作ればよい。変数が0の場合はバーをつける。上から4列目の $X_1=1$ に対して $\bar{A} \cdot B \cdot C$ となる。$X_1$ が1の列は4列あるからつぎのように導くことができる。

$X_1 = \bar{A} \cdot B \cdot C + A \cdot \bar{B} \cdot \bar{C} + A \cdot \bar{B} \cdot C + A \cdot B \cdot C$

$\quad = B \cdot C \cdot (\bar{A} + A) + A \cdot \bar{B} \cdot (\bar{C} + C)$

$\quad = A \cdot \bar{B} + B \cdot C$

$X_2 \sim X_4$ も同じようにして導くことができる。

### 5.2.5　ブール代数とリレー回路

制御目的に応じてシーケンス制御回路を設計する場合，回路の素子数はできるだけ少ないことが望ましいが，複雑な制御回路になると，経験や勘に頼るだけでは素子数を減らすことは，きわめて困難である。そこで，ブール代数やカ

ルノー図を利用すると，回路を容易に簡略化することができる。

　前節で，論理式をブール代数として数学的に扱ったが，論理式をリレー回路に置き換えると，論理式の物理的意味がよく理解でき，定理がより明確となる。そして，シーケンス回路の設計に役立つことになる。

　ブール代数の定理が物理的に判断できるように，論理式をリレー回路に置き換えた一部を**図 5.11** に示す。

〔定理 2〕

（a）$A + 1 = 1$

〔定理 4〕

（a）$A + \bar{A} = 1$

（b）$A \cdot \bar{A} = 0$

〔定理 9〕

（a）$(A + \bar{B}) \cdot B = A \cdot B$

（b）$A \cdot \bar{B} + B = A + B$

〔定理 10〕

（a）$\overline{A + B} = \bar{A} \cdot \bar{B}$

〔定理 11〕

（a）$A + A \cdot B = A$

（b）$A \cdot (A + B) = A$

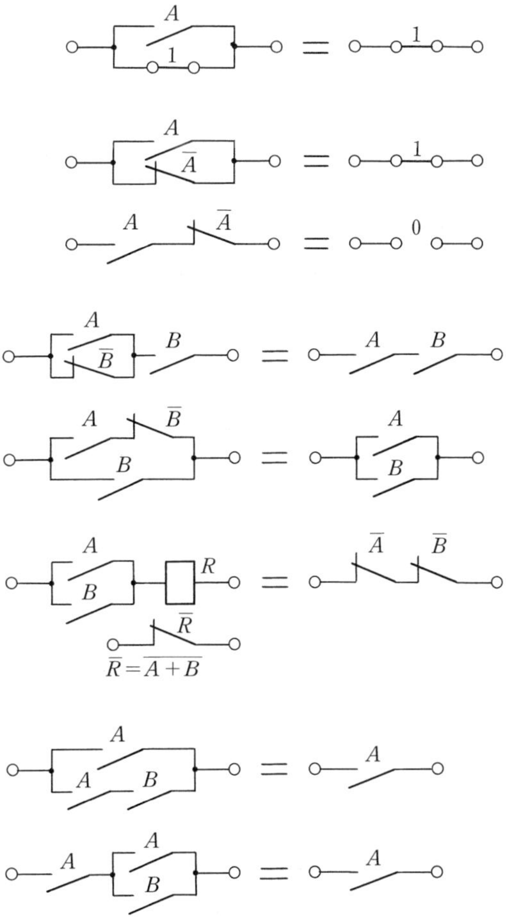

**図 5.11**　ブール代数の定理とリレー回路

## 5. シーケンス制御の基礎理論

―〔例 4〕―――――――――――――――――――――

つぎの論理式を表すリレー回路を図示せよ。

(1) $X_1 = A \cdot B + A \cdot \overline{C} + D$

(2) $X_2 = D \cdot (\overline{A} \cdot \overline{B} + A \cdot C)$

〔解〕

(1) (ア) $A \cdot B$……a 接点 $A$, $B$ の直列回路

(イ) $A \cdot \overline{C}$……a 接点 $A$, b 接点 $C$ の直列回路

(ウ) $A \cdot B + A \cdot \overline{C} + D$……(ア), (イ)および a 接点 $D$ の並列回路

(2) (ア) $\overline{A} \cdot \overline{B}$……b 接点 $A$, $B$ の直列回路

これらの結果をもとにして回路を構成すると, 図 5.12 のようになる。

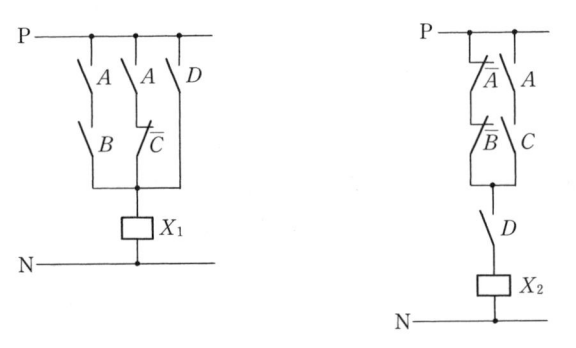

(a) $X_1 = A \cdot B + A \cdot \overline{C} + D$　　(b) $X_2 = D \cdot (\overline{A} \cdot \overline{B} + A \cdot C)$

図 5.12 論理式をリレー回路に変換

**ブール代数によるリレー回路の簡単化と合成**　ブール代数を使ってリレー回路を簡単にするには, まずリレー回路を論理式で表し, ブール代数の定理を用いて論理式を簡単にする。つぎに, 簡単にした論理式よりリレー回路を構成すればよい。

―〔例 5〕―――――――――――――――――――――

図 5.13(1-a) および (2-a) のリレー回路をブール代数を使って簡単にせよ。

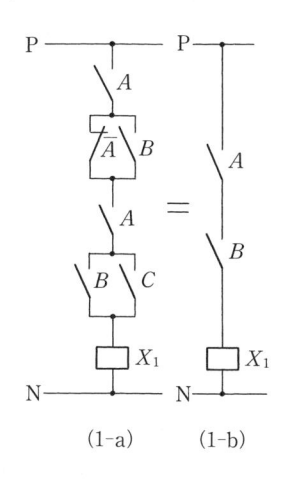

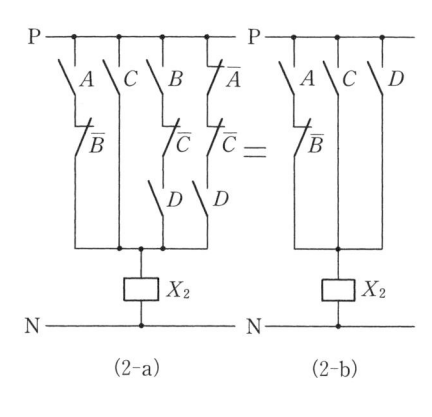

図 5.13

〔解〕（1） 図 (1-a) を論理式で表すと
$$X_1 = A \cdot (\overline{A} + B) \cdot A \cdot (B + C)$$
式を簡単にする。
$$\begin{aligned}
X_1 &= A \cdot A \cdot (B + \overline{A}) \cdot (B + C) & (5.6\,\text{a}) \text{より} \\
&= A \cdot (B + \overline{A} \cdot C) & (5.8\,\text{b}) \text{より} \\
&= A \cdot B & (5.4\,\text{b}),\ (5.2\,\text{b}),\ (5.1\,\text{a}) \text{より}
\end{aligned}$$
そこで再びリレー回路にもどすと図(1-b)のように非常に簡単になる。

（2） 同様に，図(2-a)を論理式で表し，式を簡単にする。
$$\begin{aligned}
X_2 &= A \cdot \overline{B} + C + B \cdot \overline{C} \cdot D + \overline{A} \cdot \overline{C} \cdot D \\
&= A \cdot \overline{B} + C + \overline{C} \cdot (B \cdot D + \overline{A} \cdot D) & (5.8\,\text{a}) \text{より} \\
&= A \cdot \overline{B} + C + B \cdot D + \overline{A} \cdot D & (5.9\,\text{b}) \text{より} \\
&= A \cdot \overline{B} + C + D \cdot (B + \overline{A}) & (5.8\,\text{a}) \text{より} \\
&= A \cdot \overline{B} + C + D \cdot (\overline{\overline{B} \cdot A}) & (5.10\,\text{b}),\ (5.5) \text{より} \\
&= D \cdot (\overline{A \cdot \overline{B}}) + A \cdot \overline{B} + C & (5.6\,\text{a}),\ (5.6\,\text{b}) \text{より} \\
&= D + A \cdot \overline{B} + C & (5.9\,\text{b}) \text{より} \\
&= A \cdot \overline{B} + C + D & (5.6\,\text{a}) \text{より}
\end{aligned}$$
リレー回路で図示すると図(2-b)になる。

### 〔例題6〕

三つの入力信号 $A$, $B$, $C$ によって，つぎの条件を満足するリレー回路を構成せよ。

(a) 入力信号 $A$, $B$ のどちらかの信号で動作するか，あるいは $C$ の信号が消滅すると動作する条件と，つぎの二つの命題のうち，一つを満足する条件が同時にかなえられたとき出力信号を出す。

(b) $A$, $C$ 両方の信号が入り，さらに $B$ の信号が消滅すると動作する。

(c) $A$, $B$ 両方の信号が入り，さらに $C$ の信号が消滅すると動作する。

〔解〕 各条件を論理式で表すと

(a)の条件より　　$X_1 = A + B + \bar{C}$

(b)の条件より　　$X_2 = A \cdot C \cdot \bar{B}$

(c)の条件より　　$X_3 = A \cdot B \cdot \bar{C}$

(a)の後半の条件より　　$X = X_1 \cdot (X_2 + X_3)$

$$\therefore \quad X = (A + B + \bar{C}) \cdot (A \cdot \bar{B} \cdot C + A \cdot B \cdot \bar{C})$$

さらに $X$ の条件式にブール代数を応用すると

$$X = (A + B + \bar{C}) \cdot (A \cdot \bar{B} \cdot C + A \cdot B \cdot \bar{C})$$
$$= A \cdot A \cdot \bar{B} \cdot C + A \cdot A \cdot B \cdot \bar{C} + A \cdot B \cdot \bar{B} \cdot C$$

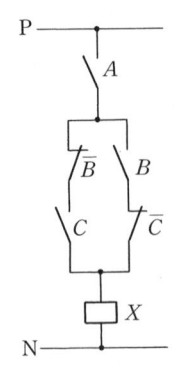

図 5.14

$$+A \cdot B \cdot B \cdot \overline{C} + A \cdot \overline{B} \cdot C \cdot \overline{C} + A \cdot B \cdot \overline{C} \cdot \overline{C} \qquad (5.8\,\text{a})\text{より}$$
$$= A \cdot \overline{B} \cdot C + A \cdot B \cdot \overline{C} \qquad (5.3\,\text{b}),\ (5.4\,\text{b})\text{より}$$
$$= A \cdot (\overline{B} \cdot C + B \cdot \overline{C})$$

導いた論理式をリレー回路で図示すると図 5.14 になる。

―――――――――――――― 練 習 問 題 ――――――――――――――

**5.1** つぎの 10 進数を 2 進数に変換せよ。
（1） $(17)_{10}$　（2） $(44)_{10}$　（3） $(200)_{10}$

**5.2** つぎの 2 進数を 10 進数に変換せよ。
（1） $(110010)_2$　（2） $(1000100)_2$　（3） $(111000111)_2$

**5.3** つぎの 2 進数の演算をせよ。
（1） $(1011)_2 + (101)_2 =$
（2） $(111)_2 + (1111)_2 =$
（3） $(1111)_2 - (1001)_2 =$
（4） $(10011)_2 - (1101)_2 =$

**5.4** つぎの各進数を，指定された進数に変換せよ。
（1） $(99)_{10} \rightarrow (\quad)_{16}$
（2） $(1000)_{10} \rightarrow (\quad)_{16}$
（3） $(\text{A}\,29)_{16} \rightarrow (\quad)_{10}$
（4） $(3\,\text{FC})_{16} \rightarrow (\quad)_{10}$
（5） $(1101011)_2 \rightarrow (\quad)_{16}$
（6） $(1110101101101)_2 \rightarrow (\quad)_{16}$
（7） $(12)_{16} \rightarrow (\quad)_2$
（8） $(\text{B}\,2)_{16} \rightarrow (\quad)_2$

**5.5** つぎの式をブール代数の定理を使って簡単にせよ。
（1） $X = A + B + B$
（2） $X = A + B + \overline{B}$
（3） $X = A \cdot B \cdot \overline{B}$
（4） $X = A \cdot (B + \overline{B})$
（5） $X = A \cdot B + B \cdot C + A \cdot B \cdot C$

**5.6** つぎの式を証明せよ。
（1） $A \cdot B + A \cdot \overline{B} = A$
（2） $A \cdot \overline{B} + B + A \cdot C = A + B$

(3) $A + B \cdot C = (A + B) \cdot (A + C)$
(4) $(A + B) \cdot (\bar{A} + \bar{B}) \cdot \bar{B} = A \cdot \bar{B}$
(5) $A \cdot B + \bar{A} \cdot C + B \cdot C = A \cdot B + \bar{A} \cdot C$

**5.7** 〔定理8〕をカルノー図を使って証明せよ。

**5.8** つぎの式を簡単にせよ。
(1) $\overline{\bar{A} \cdot \bar{C} + B + A \cdot D}$
(2) $(A \cdot B + C) \cdot (A + \bar{B}) \cdot C$
(3) $\overline{\overline{A \cdot B} \cdot \overline{C \cdot D}}$
(4) $A + A \cdot B \cdot C + \bar{A} \cdot B \cdot C + \bar{A} \cdot B + A \cdot D + A \cdot \bar{D}$
(5) $(A + B \cdot C) \cdot D + \bar{A} \cdot (\bar{B} + \bar{C}) \cdot E + \bar{D} \cdot E$

**5.9** 〔定理11〕を真理値表を使って証明せよ。

**5.10** つぎの式を証明せよ。
(1) $A + \bar{A} \cdot B = A + B$
(2) $(A + B) \cdot (\bar{A} + B) = B$
(3) $A \cdot B + \bar{A} \cdot C = (A + C) \cdot (\bar{A} + B)$
(4) $A \cdot B + \bar{A} \cdot \bar{B} = (A + \bar{B}) \cdot (\bar{A} + B)$
(5) $(A + C) \cdot (A + D) \cdot (B + C) \cdot (B + D) = A \cdot B + C \cdot D$

**5.11** 例3にならって，表5.4の真理値表よりつぎの論理式を導け。
(1) $X_2 =$
(2) $X_3 =$
(3) $X_4 =$

**5.12** つぎの論理式を表すリレー回路を図示せよ。
(1) $X = A \cdot B + \bar{A} \cdot \bar{B}$
(2) $X = (A + B) \cdot (\bar{A} + \bar{B})$
(3) $X = (A + B + C) \cdot (A \cdot B \cdot C + D)$
(4) $X = \overline{(A + B) \cdot (A \cdot B + B \cdot C)}$
(5) $X = \overline{\overline{A \cdot B} + \bar{C} + D}$

**5.13** つぎの論理式を簡単にして，論理式を表すリレー回路を図示せよ。
(1) $X = (A + B) \cdot (\bar{A} + C) \cdot (B + C)$
(2) $X = A \cdot B + \bar{A} \cdot C + B \cdot C + \bar{B} \cdot C$
(3) $X = \overline{\overline{\overline{A \cdot B}} \cdot \overline{\bar{C} + D}}$
(4) $X = (A + \bar{B} \cdot C) \cdot (A + \bar{B} + C) \cdot (A + B + C)$
(5) $X = \bar{A} \cdot B \cdot \bar{C} + A \cdot B \cdot \bar{C} + A \cdot \bar{B} \cdot \bar{C}$

5.14 図 5.15(1)〜(4)のリレー回路を論理式で表し，ブール代数を使って式を簡単にせよ。

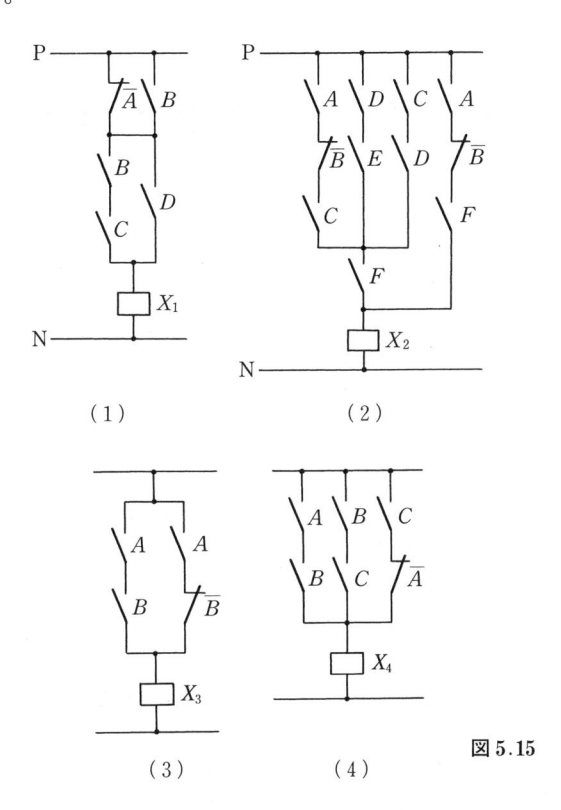

図 5.15

# 6 シーケンス制御の基本回路

　ブール代数（論理代数）の演算をおこなうために用いる回路で，論理的な判断機能をもった回路を**論理回路**という．論理回路には，表5.2で示した基本論理演算と同じ AND 回路，OR 回路，NOT 回路の基本回路およびこの拡張である NAND 回路，NOR 回路がある．シーケンス制御回路は，これらの基本回路とその応用回路の組合せによって構成されている．コンピュータの回路構成も同じである．

　今後は，コンピュータはもとよりシーケンス制御回路においても，無接点リレーの回路が主流になるが，有接点のリレー回路が理解しやすいので，有接点の回路で基本原理を十分理解したうえで，無接点シーケンスへ進めることにする．

## 6.1 リレーシーケンスの基本回路

### 6.1.1 基本論理回路

**（1） AND 回路**　　図6.1のように，a接点を**直列**に接続した場合，$A$ と $B$ が同時に ON になるとランプ $X$ が点灯する．このような回路を **AND 回路**という．AND は論理積を表し，演算記号は・を用いる．

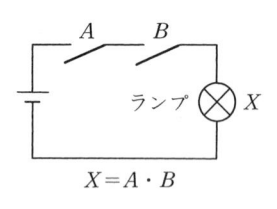

図 6.1　AND 回路

表 6.1　AND 回路の真理値表

| 入力 | | 出力 |
|---|---|---|
| $A$ | $B$ | $X$ |
| 0 | 0 | 0 |
| 0 | 1 | 0 |
| 1 | 0 | 0 |
| 1 | 1 | 1 |

AND 回路の入力 $A, B$ に対する出力 $X$ の関係を，論理式で表すとつぎのようになる．

$$X = A \cdot B \tag{6.1}$$

表 6.1 は AND 回路の真理値表である．入力 $A, B$ がともに 1 であるとき，出力が 1 になることがわかる．

（2）**OR 回路** 図 6.2 のように，a 接点を**並列**に接続した場合，$A$ または $B$ が ON になるとランプ $X$ が点灯する．このような回路を **OR 回路**という．OR は論理和を表し，演算記号に＋を用いる．論理式はつぎのようになる．

$$X = A + B \tag{6.2}$$

真理値表を**表 6.2** に示す．

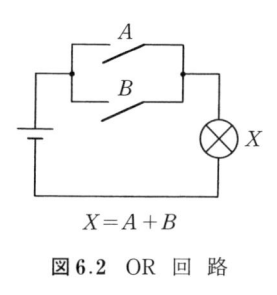

図 6.2 OR 回路

表 6.2 OR 回路の真理値表

| 入力 | | 出力 |
|---|---|---|
| $A$ | $B$ | $X$ |
| 0 | 0 | 0 |
| 0 | 1 | 1 |
| 1 | 0 | 1 |
| 1 | 1 | 1 |

（3）**NOT 回路** NOT 回路とは，入力信号が "1" のとき，出力が "0" で，逆に入力が "0" のときは出力が "1" となる回路で，図 6.3 のように，入力 $A$ を否定した出力が得られる．NOT は論理否定を表し，演算記号に ¯

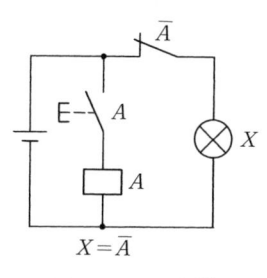

図 6.3 NOT 回路

表 6.3 NOT 回路の真理値表

| 入力 | 出力 |
|---|---|
| $A$ | $X$ |
| 0 | 1 |
| 1 | 0 |

(バー)を用いる。論理式は，つぎのように表す。NOT 回路は，入力と出力の関係が反転することから**インバータ**（inverter）とも呼ばれている。

$$X = \overline{A} \tag{6.3}$$

**表 6.3** に NOT 回路の真理値表を示す。

### 6.1.2 自己保持回路

**図 6.4**(a)において，押しボタンスイッチ $PB_1$ を一瞬押すだけで表示灯 RL（赤ランプ）が点灯し，$PB_1$ の接点を開いてもランプは点灯を続ける。これは，$PB_1$ を押すとランプが点灯すると同時にリレー R が動作し，リレーの接点 R が閉じる。すると，太線の回路ができて $PB_1$ を開いてもリレー R は動作を続けるからである。このように，自己のリレー接点で動作を保持する回路を**自己保持回路**という。自己保持を解除するには，b 接点の押しボタンスイッチ $PB_2$ を押してリレー R の動作を解除する。

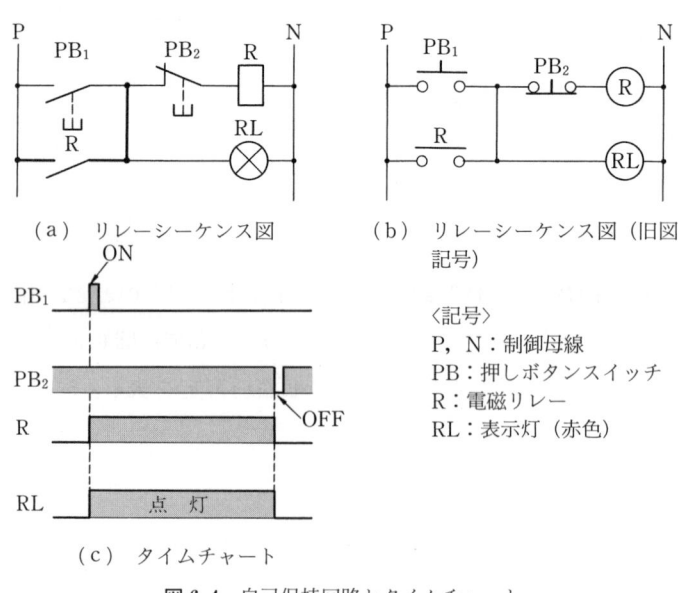

(a) リレーシーケンス図

(b) リレーシーケンス図（旧図記号）

〈記号〉
P, N：制御母線
PB：押しボタンスイッチ
R：電磁リレー
RL：表示灯（赤色）

(c) タイムチャート

**図 6.4** 自己保持回路とタイムチャート

自己保持回路は，一度保持すると解除するまで同じ状態を保つ**記憶装置**（memory）の機能をもっている。この回路は，モータの操作回路などの多く

の制御回路に用いられるリレーシーケンス回路の最も基本的な回路である。

### 6.1.3 インタロック回路

電動機を正転または逆転させる可逆運転は広く利用されているが,もしも電動機が正転中に逆転のスイッチが投入されて回路が成立したら非常に危険である。このような事態をさけるために使用するのが**インタロック**(interlock)回路である。

図 6.5 は,電動機の可逆運転回路の制御部分とそのタイムチャートである。$MC_1$ は正転用,$MC_2$ は逆転用の電動機駆動用電磁接触器である。

インタロック回路は,電動機などの安全運転のための保護回路として,たいへん重要である。インタロック回路を相手動作禁止回路ともいう。

（a）リレーシーケンス図　　　　　（b）旧図記号

（c）タイムチャート

Ⓝ:インタロックがかかって動作しない

〈記号〉
PB:押しボタンスイッチ
MC:電磁接触器

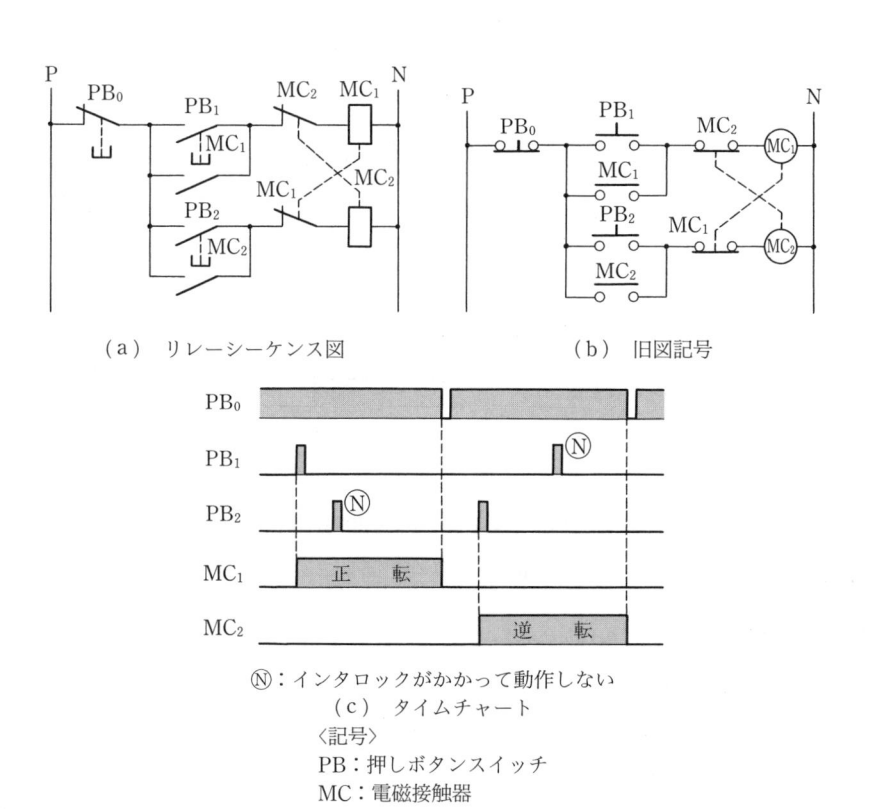

**図 6.5　インタロック回路**

### 6.1.4 タイマ回路

タイマを使って動作を遅らせたり，一定間隔で反復動作をさせる回路を**タイマ回路**（timer circuit）という。

**（1）遅延動作回路**　この回路は，入力信号を加えてから一定時間経過すると，接点がON・OFFして出力信号を出す。**図6.6**はその一例で，タイマはオン・ディレイタイマを使う。

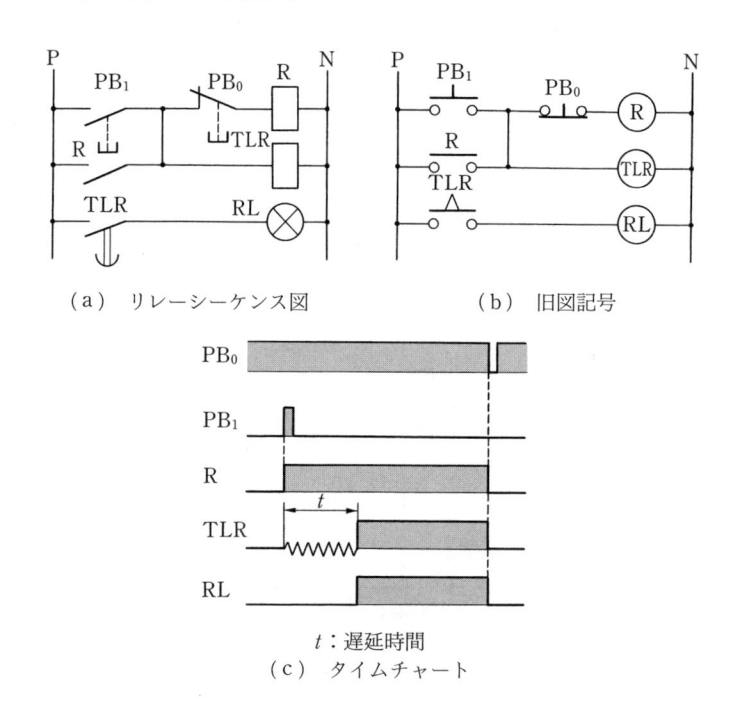

(a) リレーシーケンス図　　　　(b) 旧図記号

$t$：遅延時間
(c) タイムチャート

〈記号〉TLR：タイマ（限時動作瞬時復帰接点）
**図6.6** 遅延動作回路

タイマの動作を図(c)のタイムチャートに示す。このような接点の動作を限時動作瞬時復帰という。

**（2）フリッカ回路**　歩行者用交通信号機などに応用されている点滅回路を**フリッカ回路**（flicker circuit）という。オン・ディレイタイマを2個使って簡単に回路を構成できる。**図6.7**はその一例である。

6.1 リレーシーケンスの基本回路　95

(a) リレーシーケンス図　　　(b) 旧図記号

$t_1$：TLR$_1$ の遅延時間
$t_2$：TLR$_2$ の遅延時間
(c) タイムチャート
〈記号〉SL：表示灯

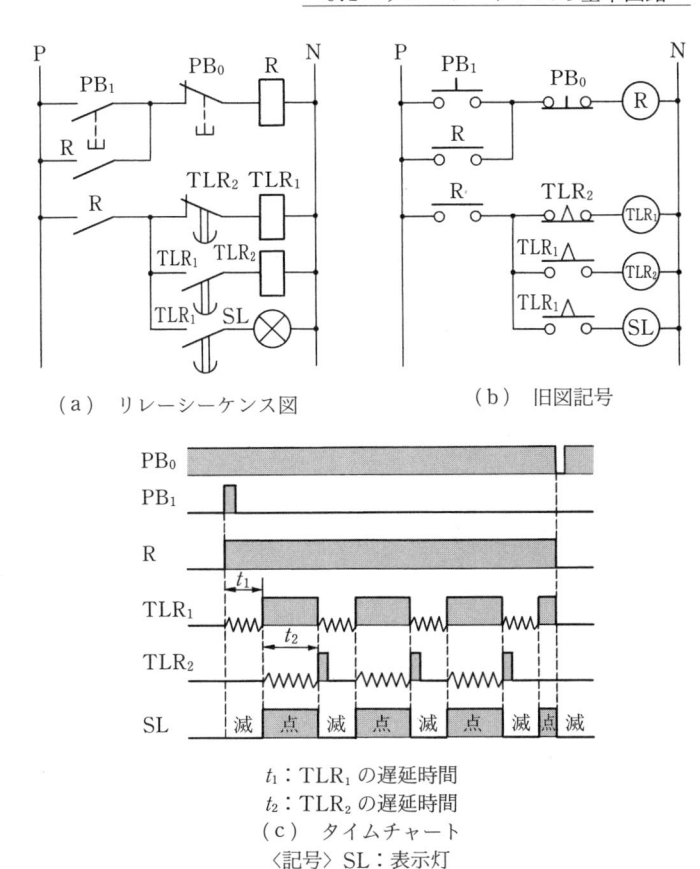

図 6.7　フリッカ回路

**〈動作説明〉**

(i) 図(a)において，始動押しボタンスイッチ PB$_1$ を押すとリレー R が動作して，タイマ TLR$_1$ が始動する。リレー R は自己保持される。

(ii) タイマ TLR$_1$ の遅延時間 $t_1$ 秒が経過すると，二つの限時接点 TLR$_1$ が閉じ，表示灯 SL が点灯し，同時にタイマ TLR$_2$ が始動する。

(iii) タイマ TLR$_2$ の遅延時間 $t_2$ 秒後に，今度は限時接点 TLR$_2$（b 接点）が開くため，タイマ TLR$_1$ が復帰して，二つの限時接点 TLR$_1$（a 接点）が開いて，表示灯 SL を消灯し，タイマ TLR$_2$ が復帰する。

(iv) タイマ TLR$_2$ の復帰と同時に，限時接点 TLR$_2$ が閉じて，再びタイ

マ TLR₁ が始動して(ⅰ)の状態に戻り，(ⅰ)〜(ⅳ)の動作を繰り返し，表示灯 SL は点滅を繰り返す．

（ⅴ）停止用押しボタンスイッチ PB₀ を押すと，リレー R が復帰して，一連の動作が停止する．

以上の動作を図(ｃ)のタイムチャートに示す．

### 6.1.5 優　先　回　路

優先回路とは，複数の回路から決められた優先順位に従って回路を選択する回路である．

**（1）　新入信号優先回路**　　入力信号がつぎつぎに入ってくる場合，最も新しい信号（最後の入力信号）を保持し，先に入っている信号を排除する回路である．図 6.8 に回路とタイムチャートを示す．

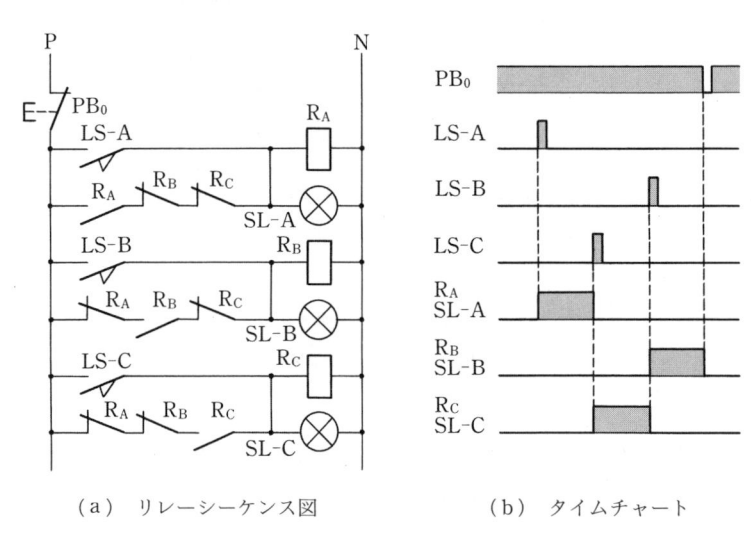

　　　　（ａ）　リレーシーケンス図　　　　　　（ｂ）　タイムチャート

〈記号〉LS：リミットスイッチ

図 6.8　新入信号優先回路

**（2）　先行動作優先回路**　　多数の入力信号をほとんど同時に受けた場合，一番先に入った信号を優先させる回路である．これは，前述の直列優先回路に対して並列優先回路ともいう．図 6.9 は，入力信号 A，B，C から一番を決める回路である．

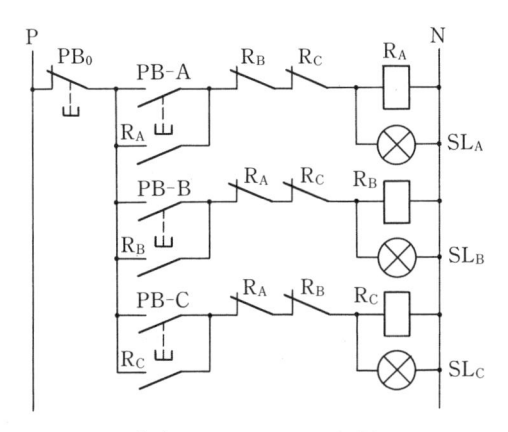

6.1 リレーシーケンスの基本回路　97

(a) リレーシーケンス図

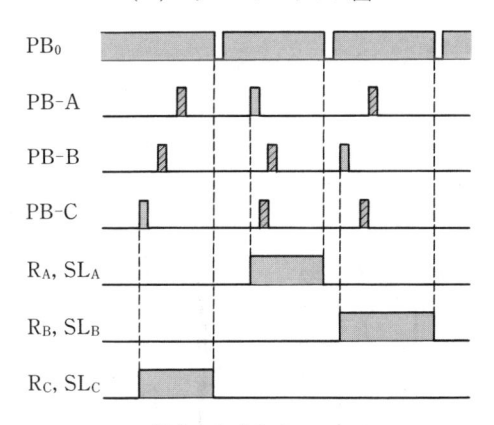

(b) タイムチャート

図6.9　先行動作優先回路

〈動作説明〉

（ⅰ）図(b)のように，C，B，Aの順にほとんど同時に入力信号が入ったとする。最初にリレー $R_C$ が動作して，自己保持され，表示灯 $SL_C$ が点灯する。

（ⅱ）Cの直後に入力されたBとAの信号には，インタロックがかかってリレー $R_B$ と $R_A$ は動作しない。これは図(a)において，リレー $R_C$ が動作すると同時にb接点 $R_C$ がリレー $R_B$ と $R_A$ の回路を開いて動作を阻止するからである。すなわち，b接点 $R_C$ がリレー $R_B$ と $R_A$ の回路にインタロックをかけ

たからである。

(iii) リセットボタン $PB_0$ を押すとすべての回路が復帰する。

(iv) 同様にして，入力信号が，A，C，B および B，C，A の順に入力された場合の出力を図(b)のタイムチャートに示す。

この回路はインタロック回路を応用したもので，早押しクイズの解答者の中から，一番先にボタンを押した人を決める場合などに利用される。

## 6.2 無接点シーケンスの基本回路

### 6.2.1 ディジタルIC

半導体の集積技術の進歩によって，電気回路は可能な限り IC 化され，非常に小形になった。無接点シーケンスにおいても小形で長寿命，しかも消費電力が少ない IC が広く利用されている。

論理回路や基本的な制御回路を IC 化した素子を**ディジタル IC**（digital

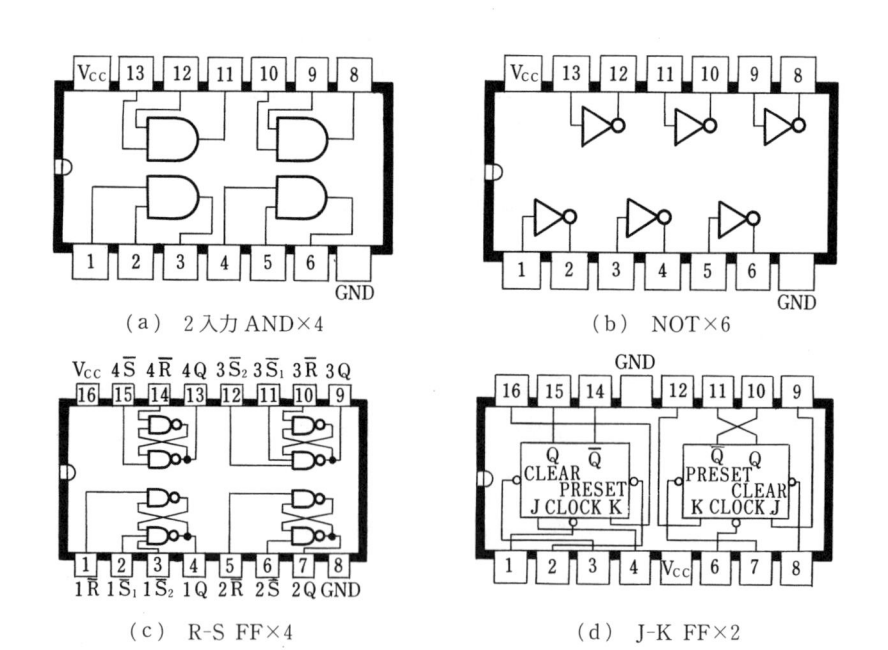

(a) 2入力 AND×4

(b) NOT×6

(c) R-S FF×4

(d) J-K FF×2

図 6.10 ディジタル IC の例

IC）という。

回路構成によって多くの種類があるが，**DTL**（diode transistor logic）と**TTL**（transistor transistor logic）に大別できる。

DTL は，ダイオードのゲート回路とトランジスタの NOT 回路などを組合せた論理回路である。回路構成が簡単で，低消費電力である。

TTL は，DTL のゲートのダイオードをマルチエミッタトランジスタに置き換えて，回路の簡素化とドライブが可能な負荷を多くとれるようにしたものである。さらに低消費電力化，高速化した IC を LS・TTL（low power shottky TTL）という。図 6.10 は，ディジタル IC の例と，それを上面から見たピン接続図である。

### 6.2.2 論理回路と論理記号

基本論理回路はリレーシーケンスと同じで，AND，OR，NOT と，拡張した NAND，NOR がある。扱う信号は，有接点の"1"に対して"H"（high：5 V），"0"に対して"L"（low：0 V）を使用する。

**（1） AND 回路**　　図 6.11 は，DTL で構成された AND 回路である。図（b）の図記号を**論理記号**（logical symbol）という。これは **MIL**（military specifications）規格の図記号である。

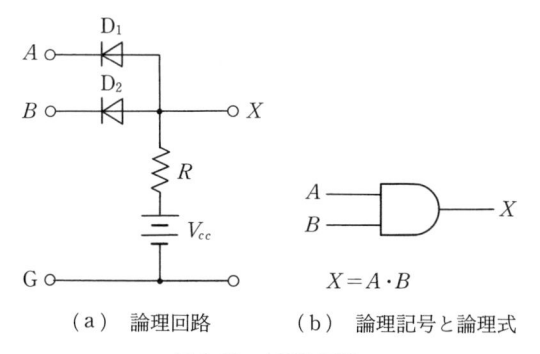

（a）論理回路　　　（b）論理記号と論理式

$X = A \cdot B$

図 6.11　AND 回路

AND 回路は，「入力 $A$ が H，そして入力 $B$ も H のときだけ出力が H になる」

入力がすべて H になって，回路が動作状態になることを，AND 回路を能動状態にするという。H は"H"，L は"L"を表す（以下同じ）。

**（2） OR 回路** 　図 6.12 に OR 回路の論理回路および論理記号と論理式を示す。

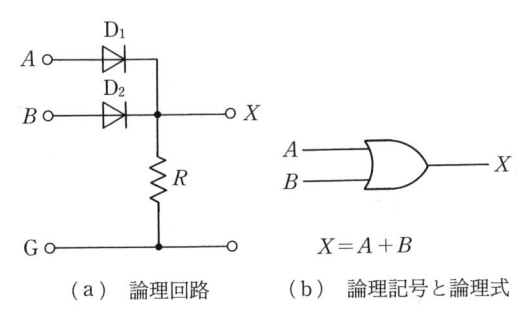

(a) 論理回路　　　(b) 論理記号と論理式

$X = A + B$

図 6.12　OR 回路

OR 回路は，「入力 $A$ が H，または入力 $B$ が H のとき出力が H になる」入力 $AB$ がともに H のときは，もちろん出力は H になる。

**（3） NOT 回路**　　NOT 回路は，有接点回路ではリレーの b 接点を利用したが，無接点回路ではトランジスタの位相反転作用を利用している。図 6.13 に論理回路と論理記号を示す。論理記号は図 (b) のように使用目的に応じて二つの表し方がある。上の図記号は，H 能動信号を入力して，それを反転して L 能動信号を出力する場合，下の図記号は，L を入力して H を出力する

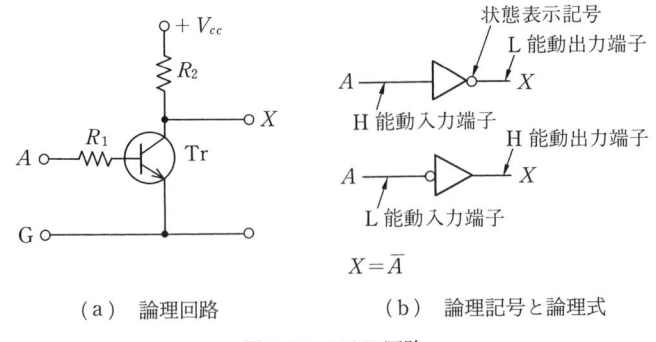

(a) 論理回路　　　(b) 論理記号と論理式

$X = \overline{A}$

図 6.13　NOT 回路

場合に使用する。Lの信号を扱う端子に○印をつけてその区別を表示する。○印を**状態表示記号**という。いずれの場合も入力を反転して出力する。

（4） **NAND回路**　　NAND回路は，AND-NOTの組合せで，AND出力を否定する機能を持っているからNOT-ANDを略してNANDと呼ぶ。NAND回路はAND, OR, NOTの機能を代用することができるので，NAND ICは広く利用されている。

図6.14に論理回路および論理記号と論理式を示す。図(a)よりAND-NOTの組合せであることがわかる。

（a）論理回路　　　　　（b）論理記号と論理式

$$X = \overline{A \cdot B}$$

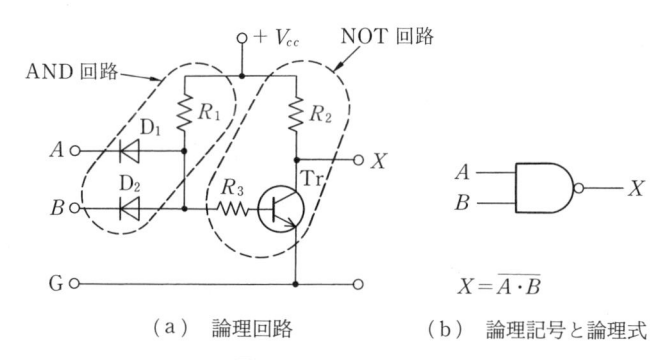

図6.14　NAND回路

（a）　**NAND回路の動作**　　図6.15において

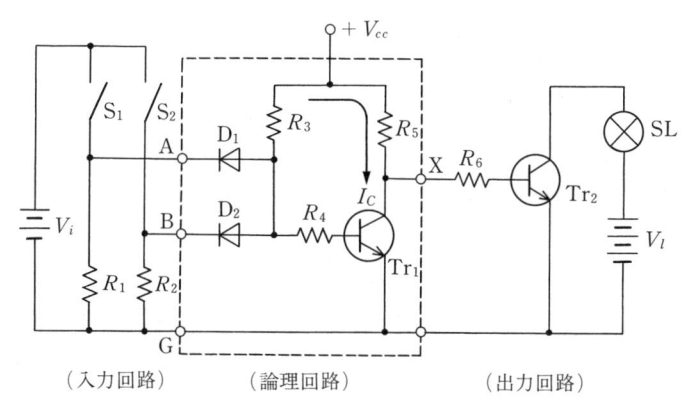

図6.15　NAND回路の動作

（ⅰ）　入力 $A$ が H，そして入力 $B$ も H の場合（AND 機能）

①　入力回路のスイッチ $S_1$，$S_2$ を ON にする。

②　ダイオード $D_1$，$D_2$ に $V_i$ が逆方向に印加されて，$D_1$，$D_2$ が OFF となる。

③　トランジスタ $Tr_1$ のベースに $R_3$，$R_4$ を経て $V_{cc}$ が印加されて，$Tr_1$ が ON となり，コレクタ電流 $I_c$ が流れて $R_5$ の電圧降下により出力端子 $X$ は L となる。

④　出力回路のトランジスタ $Tr_2$ は，ベースが L のため OFF となり，表示灯 SL は点灯しない。

（ⅱ）　入力 $A$ が H で入力 $B$ が L の場合（OR 機能）

①　スイッチ $S_1$ を ON，$S_2$ を OFF にする。

②　ダイオード $D_2$ に $V_{cc}$ が $R_3$ を経て順方向に印加されるため $D_2$ が ON となり，$V_{cc}$ より $R_3$-$D_2$-$R_2$ に電流が流れて，$R_3$ に $V_{cc}$ にほぼ等しい電圧降下を生じる。$R_2 \ll R_3$ とする。

③　トランジスタ $Tr_1$ のベースが L となって，$Tr_1$ は OFF となるため，出力 $X$ は $V_{cc}$ が出力されて H となる。

④　出力 H が出力回路のトランジスタ $Tr_2$ を ON にして，表示灯 SL を点灯する。

以上の動作を要約すると

「入力 $A$ が H，そして入力 $B$ も H のとき L を出力する。これを AND 機能という。また，入力 $A$ または入力 $B$ が L のときは H を出力する。これを OR 機能という。」

（b）　**NAND 回路の論理記号**　　NAND 回路の論理記号を機能別に表すと図 **6.16** のようになる。

表 **6.4** に NAND 回路の真理値表を示す。

（c）　**NAND IC**　　図 **6.17** は 2 入力 NAND IC の例である。$Tr_1$ はマルチエミッタトランジスタで，エミッタが 2 個以上ついている。これは，トランジスタをエミッタの数だけ並列に接続し，コレクタとベースを共通に使用す

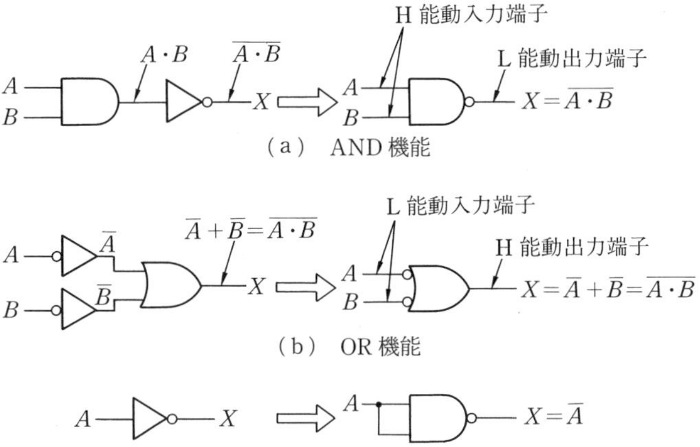

## 6.2 無接点シーケンスの基本回路

(a) AND 機能

(b) OR 機能

(c) NOT 機能

図 6.16 NAND 回路の機能別論理記号

表 6.4 NAND 回路の真理値表

| 入力 | | 出力 |
|---|---|---|
| $A$ | $B$ | $X=\overline{A \cdot B}$ |
| L | L | H |
| L | H | H |
| H | L | H |
| H | H | L |

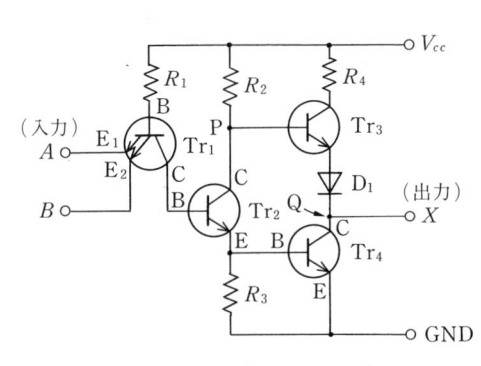

図 6.17 2 入力 NAND 回路

る。

(d) **NAND 変換** NAND 回路は，AND，OR，NOT の機能を兼ねる

から，使用するICの種類を少なくすることができる。NAND ICのみでAND，OR，NOTの基本論理回路を構成することができる。

**（e） AND変換**　図6.18(a)はAND機能のNAND素子にOR機能のNAND素子を直列に接続する。これは，入出力端子をL能動に合致させるためである。図(b)はOR機能のNAND素子がNOT素子として機能し，受け入れるL能動信号をH能動出力信号にして，図(c)のAND素子ができる。これで，H能動入力でH能動出力になるからAND素子と同じになる。図(a)のOR機能のNAND素子は回路図上で表すのみで，実際は2個とも同じNAND ICを使用する。

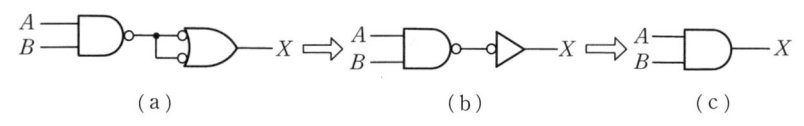

図6.18　NAND → AND変換

**（f） OR変換**　OR回路をつくるにはNAND素子が3個必要である。図6.19(b)は，論理式より

$$X = \overline{\overline{A} \cdot \overline{B}} = \overline{\overline{A}} + \overline{\overline{B}} = A + B \tag{6.4}$$

となり，図(c)のように，入出力端子がともにH能動の普通のOR素子になる。

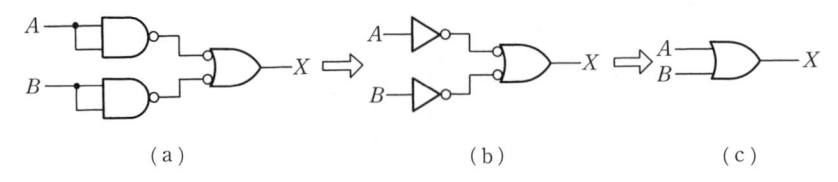

図6.19　NAND → OR変換

**（g） NOT変換**　NOT回路は，入出力端子をH能動にするか，L能動にするかによって図6.20(a)，(b)または図(c)，(d)の二つの方法がある。

**（5） NOR回路**　NOR回路もNAND回路と同様にAND，OR，NOT

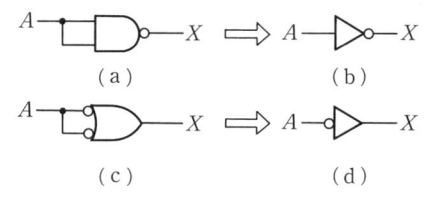

### 6.2 無接点シーケンスの基本回路

図 6.20 NAND → NOT 変換

の機能をもっている。表 6.5 の真理値表より，入力 $A$，$B$ がともに L のときのみ出力が H となり，それ以外の入力条件では L となる。論理式で示すと

$$X = \overline{A+B} = \overline{A} \cdot \overline{B} \tag{6.5}$$

となり，ド・モルガンの定理を使って積の形に変えることができるから，NAND 回路と同様に並列回路と直列回路の相互変換が可能である。図 6.21，図 6.22 に回路図および論理記号を示す。

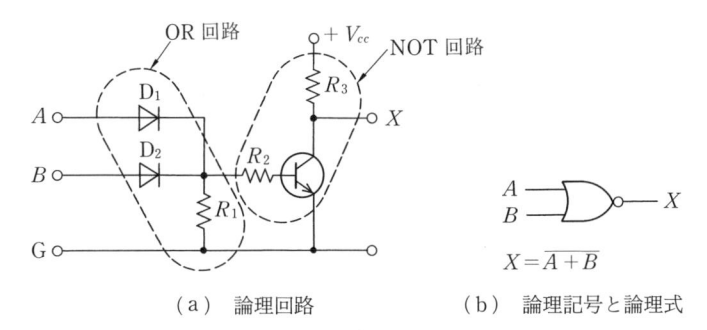

(a) 論理回路　　　(b) 論理記号と論理式

$$X = \overline{A+B}$$

図 6.21 NOR 回路

表 6.5 NOR 回路の真理値表

| 入力 | | 出力 |
|---|---|---|
| $A$ | $B$ | $X = \overline{A+B}$ |
| L | L | H |
| L | H | L |
| H | L | L |
| H | H | L |

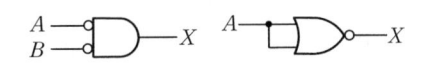

(a) AND 機能　(b) NOT 機能

図 6.22 NOR 回路の機能別論理記号

### 6.2.3 ディジタル IC による基本回路

シーケンス制御に多く用いられる基本的な回路をディジタル IC を用いて構成する。

**（1） 自己保持回路**　　前に述べたリレーシーケンス図と対比するとよく理解できる。図 6.23 に無接点リレーによる回路図を示す。

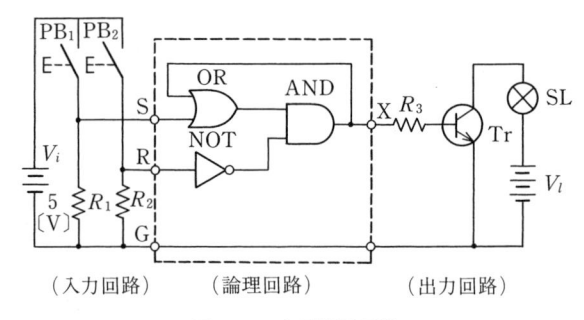

図 6.23　自己保持回路

〈動作説明〉

①　始動用押しボタンスイッチ $PB_1$ を一瞬押してパルス状のセット信号を送る。

②　セット入力端子 S が H になって，論理回路に入力される。

③　OR 素子の OR 条件が成立して出力が H になり，AND 素子に入力される。

④　停止用押しボタンスイッチ $PB_2$ は OFF のため，R 端子は L，したがって NOT 素子の出力が H となって AND 素子に入力される。

⑤　AND 素子の入力がともに H であるため，AND 素子から H が出力端子 X に出力される。

⑥　出力回路のトランジスタ Tr のベースに X 端子の H が印加されて，Tr が ON となり，表示灯 SL が点灯する。

⑦　$PB_1$ を一瞬押すだけですぐ OFF にしても運転が継続されるのは，セット入力端子 S が L になっても出力端子 X の H がフィードバックされて OR 素子を自己保持するからである。

⑧ 運転中に，停止用押しボタンスイッチ $PB_2$ を押すと，リセット入力端子 R が H，NOT 素子の出力が L，したがって AND 素子の出力が L になって出力回路の Tr が OFF になり，表示灯 SL は消灯する。

（2） **インタロック回路**　すでに述べた有接点回路のインタロックはリレーの b 接点で相手の回路を遮断したが，無接点回路では，出力信号を相手の回路へフィードバックして遮断する。図 6.24 に回路を示す。

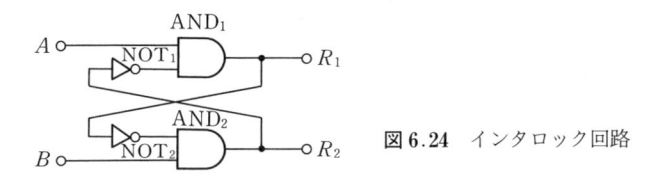

図 6.24　インタロック回路

（3） **禁止回路**　図 6.25 のように，入力 $A$, $B$, $C$ があり，$A$, $B$ が AND 条件を満たしても，$C$ が H のときは出力が禁止される一種のゲート回路である。

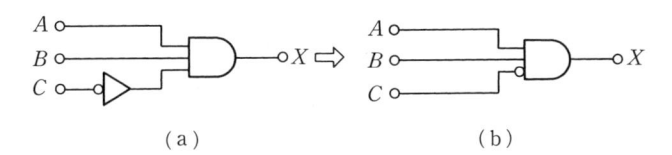

図 6.25　禁止回路

入力信号 $C$ はゲート信号のはたらきをする。無接点回路の入力端子 $C$ は L 能動であるから図(b)のように○印をつける。

論理式で表すとつぎのようになる。

$$X = A \cdot B \cdot \overline{C} \tag{6.6}$$

（4） **一致回路**　入力信号が H または L に一致したとき出力する回路で，図 6.26 は二つの信号 $A, B$ の一致を検出する。

論理式で表すとつぎのようになる。

$$X = A \cdot B + \overline{A} \cdot \overline{B} \tag{6.7}$$

（5） **入力切換回路**　図 6.27 のように二つの入力信号 $A, B$ から $A$ また

図6.26 一致回路

図6.27 入力切換回路

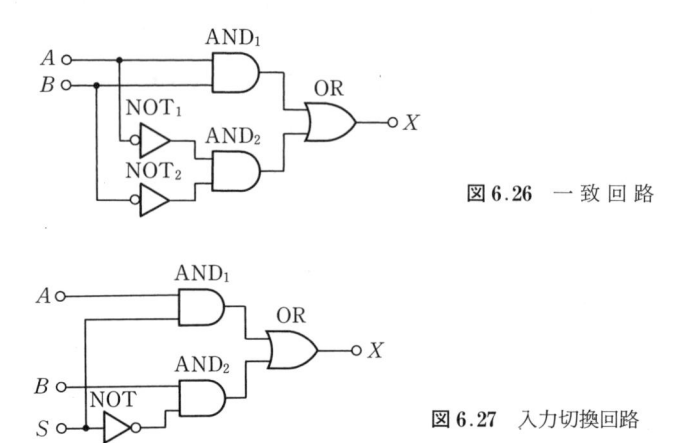

はBを選択して出力させる回路である。選択はセレクト信号Sで行う。Sを1（H）にすると出力端子XにAが出力され，Sを0（L）にするとBが出力される。すなわち，$S=1$でX=A,$S=0$でX=Bとなる。入力切換回路を**マルチプレクサ**（multiplexer）ともいう。1，0は"1"，"0"の2値信号を表す（以下同じ）。

論理式で表すとつぎのようになる。

$$X = A \cdot S + B \cdot \bar{S} \tag{6.8}$$

**（6）多数決回路** 図6.28のように，三つのデータ$A, B, C$があって，そのうち二つ以上のデータが1であると出力端子Xに1を出力する回路である。多数決の原則を論理式で示すとつぎのようになる。

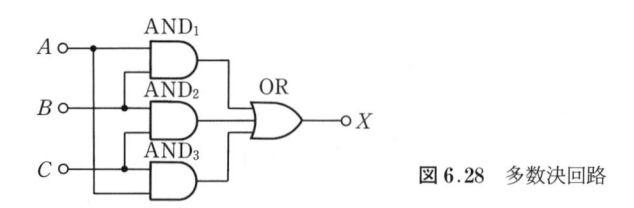

図6.28 多数決回路

$$X = \bar{A} \cdot B \cdot C + A \cdot \bar{B} \cdot C + A \cdot B \cdot \bar{C} + A \cdot B \cdot C \tag{6.9}$$

ブール代数の定理を使って簡略化すると，つぎのようになる。

$$X = A \cdot B + B \cdot C + A \cdot C \tag{6.10}$$

## 6.2 無接点シーケンスの基本回路

**(7) フリップフロップ回路** フリップフロップ（flip-flop）回路は，コンピュータのハードウェアなどに広く利用されている。出力に $Q$ とその補数 $\overline{Q}$ の二つの安定状態をもつので，二安定マルチバイブレータまたは**双安定マルチバイブレータ**（bistable multivibrator）ともいう。IC 化されて，多くの種類がある。略して FF 回路という。

**(a) R-S フリップフロップ（R-S FF）** R-S FF は最も基本的な FF で，図 6.29(a)，(b) のように NAND 素子または NOR 素子で簡単に構成できる。入力端子 $S$ は，出力 $Q$ を H にセットするのでセット入力端子といい，入力端子 $R$ は，セット状態（H）の出力 $Q$ を元の状態（L）に戻すのでリセット入力端子という。動作を図(d)のタイムチャートに示す。論理記号は，図

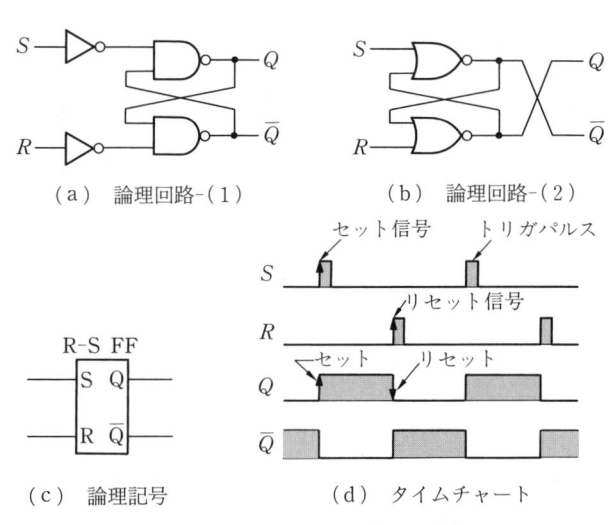

（a）論理回路-(1) （b）論理回路-(2)

（c）論理記号 （d）タイムチャート

図 6.29 R-S フリップフロップ

表 6.6 R-S FF の真理値表

| 入力 | | 出力 | |
|---|---|---|---|
| $S$ | $R$ | $Q$ | $\overline{Q}$ |
| L | L | 前の状態保持 | |
| H | L | H | L |
| L | H | L | H |
| H | H | 不　定 | |

(c)のように表す。**表6.6**はR-S FFの真理値表である。

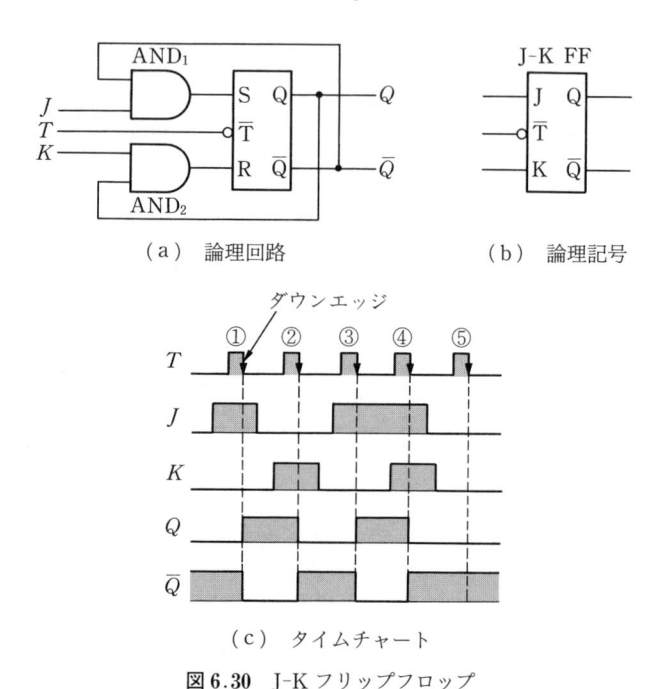

**(b) J-Kフリップフロップ**　**図6.30**(a)に示すように，出力信号を入力側へフィードバックをかけて，入力がともにHの場合でも出力が禁止されないで，出力が安定するようにしたのがJ-Kフリップフロップである。

（a）論理回路　　　　　　　（b）論理記号

（c）タイムチャート

**図6.30**　J-Kフリップフロップ

J-K FFは，$J$，$K$の入力信号の変化と同時に出力$Q$，$\bar{Q}$は変化しない。$J$，$K$入力のH，Lの組合せと，クロックパルス$T$入力の立下りによって入力$J$，$K$に対応した出力$Q$，$\bar{Q}$の組合せが決まる。クロックパルス$T$の立下りを**ダウンエッジ**，立上りを**アップエッジ**という。また，クロックパルスの入力端子Tを$C_P$で表す場合もある。

図(b)は論理記号で，$T$の○印はダウンエッジを表す。回路の動作を図(c)のタイムチャートに示す。真理値表は**表6.7**のようになる。

**（c） Tフリップフロップ**　トリガフリップフロップ（trigger flip-flop）を略して**Tフリップフロップ**（T-FF）という。これはJ-Kフリップフロッ

表 6.7 J-K FF の真理値表

| 入力 | | | 出力 | |
|---|---|---|---|---|
| $J$ | $K$ | $T$ | $Q$ | $\bar{Q}$ |
| L | L | ⤓ | 前の状態保持 | |
| H | L | | H | L |
| L | H | 立下りで変化する | L | H |
| H | H | | $\bar{Q}$ | $Q$ |
| | | | 前の状態が反転 | |

プの入力端子 J, K に電源電圧 $V_{cc}$ を加え，つねに H として，入力端子 T にパルスを入力するごとに出力 $Q$, $\bar{Q}$ が反転するので，入力パルスを計数するカウンタ回路に利用される。

回路構成は簡単で，図 6.31(a) のように，J, K を接続して $V_{cc}$ を加え，つねに H の状態にすればよい。論理記号は図(b)のように表し，回路の動作を図(c)のタイムチャートに示す。図からわかるように，出力 Q のパルス数は入力 T の 1/2 になる。

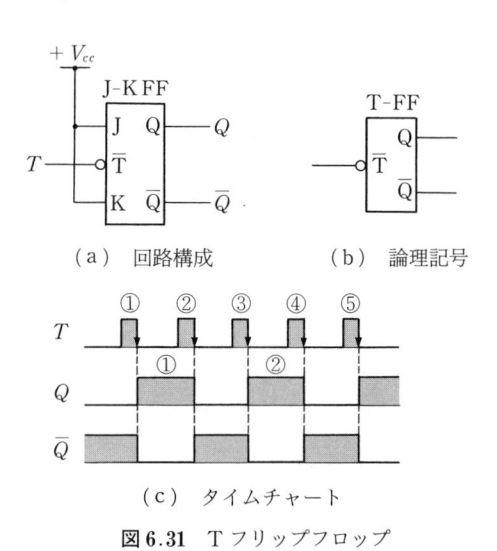

(a) 回路構成　　(b) 論理記号

(c) タイムチャート

図 6.31 T フリップフロップ

**(d) D フリップフロップ**　D フリップフロップはディレイフリップフロップ (delay flip-flop) の略で，出力信号を遅らせるはたらきがある。また，

入力信号を一時記憶することもできる。信号を一時保持する回路を**ラッチ** (latch) 回路ともいう。

回路は，**図 6.32**(a)のように J-K FF に NOT 素子を接続すればよい。回路の動作は，図(c)のタイムチャートに示すように，①で入力 D が H になっても出力は変化しないで，トリガパルスで出力 $Q$ が反転して H になる。つぎに，D が L になっても出力 $Q$ は H のままで，つぎのトリガパルス④まで $t'$ 秒間入力を記憶して，出力の変化を遅らせる。

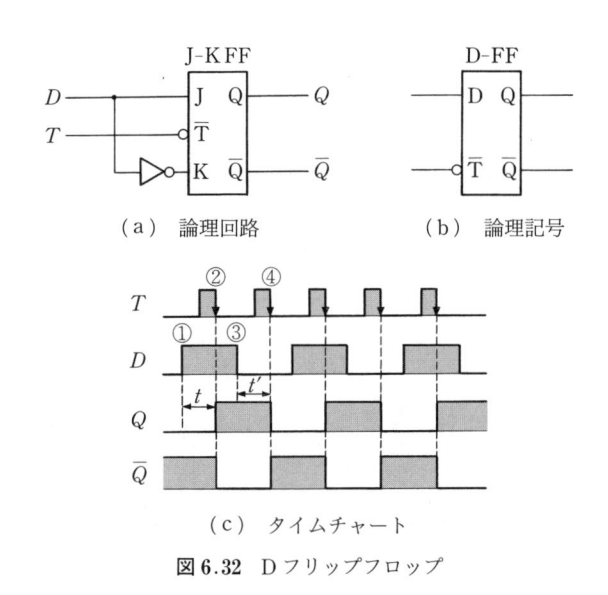

(a) 論理回路　　　　(b) 論理記号

(c) タイムチャート

図 6.32　D フリップフロップ

## 6.2.4　ディジタル IC による応用回路

**(1)　計数回路**　　計数回路は，一般に計数器または**カウンタ**（counter）と呼ばれ，パルスを計数する回路で，制御回路はもとよりコンピュータのハードウェアなどに広く使用されている。

数の数え方に 2 進法や 10 進法などがあるため，計数回路にも 2 進カウンタ，10 進カウンタなどがあり，任意の $n$ 進カウンタを作ることが可能である。数を加えていく**アップカウンタ**（up counter）と，数を減らしていく**ダウンカウンタ**（down counter）とがある。

(a) **2進カウンタ**　カウンタはフリップフロップ（FF）で構成できる。$n$ 個の FF を直列に接続すると $n$ 桁の2進カウンタができる。

例えば，4個のTフリップフロップを**図6.33**(a)のように接続すると，2進数で0〜15まで計数できる。16個のパルスが入力されると $FF_0$〜$FF_3$ のすべてのフリップフロップがクリアされるので16進カウンタともいう。

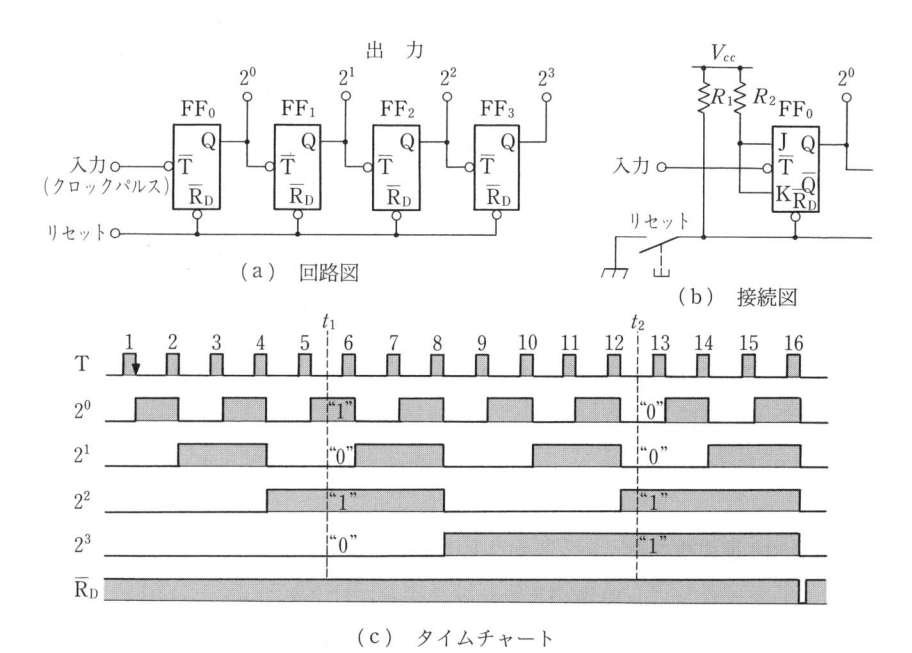

図6.33　直列形2進カウンタ

図(b)は FF の接続図である。入力端子 J，K には保護抵抗 $R_2$ をとおして電源電圧 $V_{cc}$（H）を加える。リセット端子 $\overline{R}_D$ には，計数のときは $R_1$ をとおして $V_{cc}$ を加え，リセットボタンを押して接地（L）すると $FF_0$〜$FF_3$ のフリップフロップがすべてリセット（クリア）されて出力端子 $2^0$〜$2^3$ がすべて0になる。

図(c)のタイムチャートにおいて，例えば5個のパルスが入力された時点の $t_1$ では，0101を出力し，12個が入力された $t_2$ の時点では1100が出力されることがわかる。リセットボタン $R_D$ を押すと，すべての FF の出力表示が

0（L）にクリアされる。

図 6.33 のように FF を直列に接続して，信号を順に送っていく方式を**非同期式カウンタ**（asynchronous counter）という。このカウンタは，FF の後段になると反転にかなりの遅れがでる欠点がある。これを改良したのが並列形または**同期式カウンタ**（synchronous counter）である。これは回路が複雑になるが，入力パルスと出力が同期しているので時間の遅れが少ない。したがって，コンピュータなどのカウンタに利用されている。**図 6.34** はその一例である。

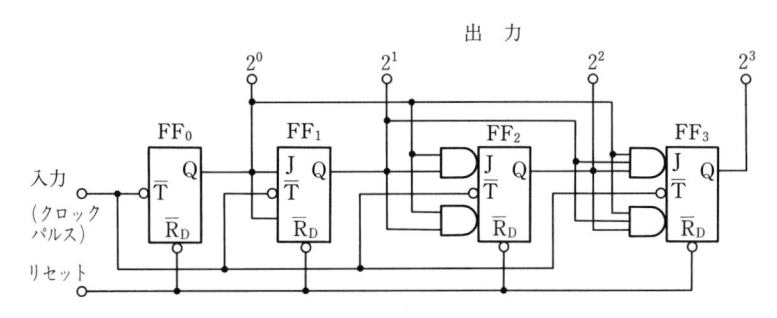

**図 6.34** 同期式 2 進カウンタ

**（b） 10 進カウンタ**　　2 進カウンタはフリップフロップ 4 個で 0〜15 までカウントできるから，10 進のカウントをするには 9 までカウントして，10 個目のクロックパルスが入力したとき，出力端子を全部クリアする回路を考えれ

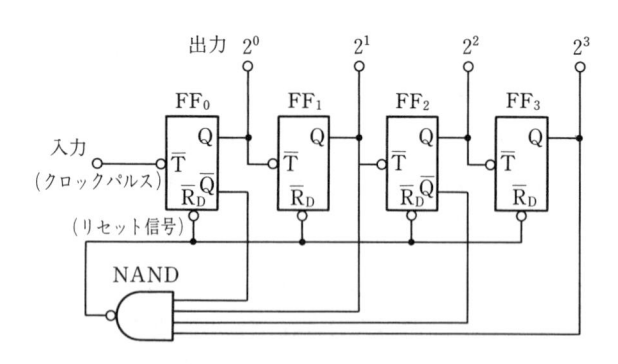

**図 6.35**　直列形 10 進カウンタ

ばよい。図 6.35 は，T フリップフロップを用いた 10 進カウンタの例である。

（2）**加算回路**　加算回路は，コンピュータなどの演算装置の基本要素で，一般に**加算器**（adder）という。加算回路で 2 進数の四則演算を行うことができる。補数を加算すれば減算になる。加算を繰り返すと乗算，減算を繰り返すと割算になる。

加算器には，けた上げを処理しない**半加算器**（half adder）と，けた上げができる**全加算器**（full adder）とがある。

（a）**半加算器**　半加算器は，けた上げを処理しないから 2 進数のつぎの計算ができればよい。

```
        （和）（けた上がり）        （和）（けた上がり）
  0＋0＝0    0              1＋0＝1    0
  0＋1＝1    0              1＋1＝0    1
```

この関係を真理値表に表すと**表 6.8** のようになる。

**表 6.8　真理値表（半加算器）**

| $A$ | $B$ | 和（$S$） | けた上げ（$C$） |
|---|---|---|---|
| 0 | 0 | 0 | 0 |
| 1 | 0 | 1 | 0 |
| 0 | 1 | 1 | 0 |
| 1 | 1 | 0 | 1 |

真理値表より，和 $S$ と上位へのけた上げ $C$ の論理式を求めると，つぎのようになる。

$$（和）\quad S = A \cdot \bar{B} + \bar{A} \cdot B \quad （けた上げ）\quad C = A \cdot B \tag{6.11}$$

論理式より構成した半加算器を**図 6.36** に示す。ブール代数を使って回路を簡単にすることができる。

$$\begin{aligned}
S &= A \cdot \bar{B} + \bar{A} \cdot B \\
  &= A \cdot \bar{B} + A \cdot \bar{A} + \bar{A} \cdot B + B \cdot \bar{B} \\
  &= A \cdot (\bar{A} + \bar{B}) + B \cdot (\bar{A} + \bar{B}) \\
  &= (A + B) \cdot (\bar{A} + \bar{B})
\end{aligned}$$

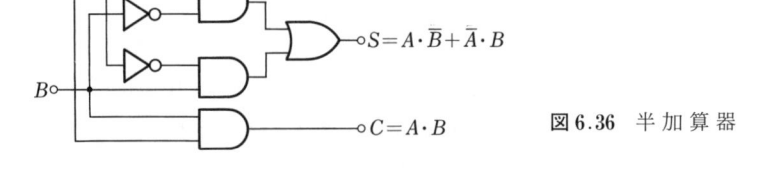

116　6. シーケンス制御の基本回路

図6.36　半加算器

$$= (A+B) \cdot (\overline{A \cdot B}) \tag{6.12}$$

導いた論理式より回路を構成すると，図6.37のように簡単になる。なお，ExORの素子を使うと図6.38のようにさらに簡単になる。**ExOR**は，Exclusive ORの略で，排他的論理和とも呼び，入力$A$，$B$が不一致の場合のみ出力が1となる論理素子である。

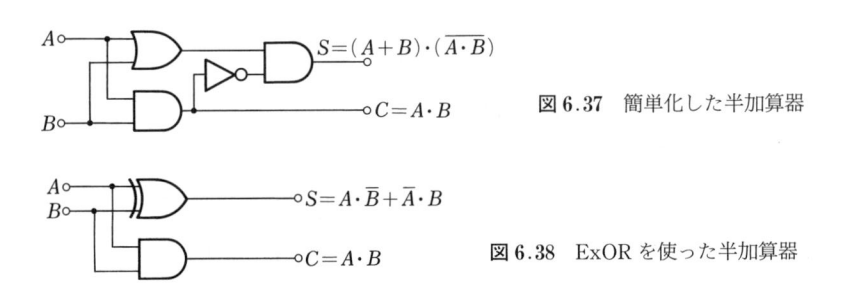

図6.37　簡単化した半加算器

図6.38　ExORを使った半加算器

半加算器は，2進1ビットの加算の結果を和($S$)とけた上げ($C$)の形で求めることができるが，下位からのけた上げは含まれない。

**(b)　全加算器**　全加算器は半加算器に下位からのけた上げの機能を加えたものである。表6.9は下位からのけた上げを含めた全加算器の真理値表である。この真理値表より，半加算器と同じように和およびけた上げを表す論理式を導くことができる。

表6.9より論理式を求めると

$$S = A \cdot \overline{B} \cdot \overline{C} + \overline{A} \cdot B \cdot \overline{C} + \overline{A} \cdot \overline{B} \cdot C + A \cdot B \cdot C \tag{6.13}$$

$$C' = A \cdot B \cdot \overline{C} + A \cdot \overline{B} \cdot C + \overline{A} \cdot B \cdot C + A \cdot B \cdot C \tag{6.14}$$

となる。ブール代数を使って簡単にするとつぎのようになる。

$$S = (A+B+C) \cdot \overline{C'} + A \cdot B \cdot C \tag{6.15}$$

## 6.2 無接点シーケンスの基本回路

表 6.9 真理値表（全加算器）

| $A$ | $B$ | $(C)$ | $(S)$ | $(C')$ |
|---|---|---|---|---|
| 0 | 0 | 0 | 0 | 0 |
| 1 | 0 | 0 | 1 | 0 |
| 0 | 1 | 0 | 1 | 0 |
| 1 | 1 | 0 | 0 | 1 |
| 0 | 0 | 1 | 1 | 0 |
| 1 | 0 | 1 | 0 | 1 |
| 0 | 1 | 1 | 0 | 1 |
| 1 | 1 | 1 | 1 | 1 |

$A$：被加数　$C$：下位からのけた上げ（入力）
$B$：加数　$C'$：けた上げ（出力）　$S$：和

$$C' = A \cdot B + A \cdot C + B \cdot C \tag{6.16}$$

また，つぎのように変形することもできる。

$$S = (A \cdot \bar{B} + \bar{A} \cdot B) \cdot \bar{C} + \overline{(A \cdot \bar{B} + \bar{A} \cdot B)} \cdot C \tag{6.17}$$

$$C' = A \cdot B + (A \cdot \bar{B} + \bar{A} \cdot B) \cdot C \tag{6.18}$$

これは，半加算器の式 (6.11) を含むから半加算器を 1 ブロックとして全加算器を構成することができる。すなわち，**図 6.39** のように半加算器 2 個と OR 素子 1 個で全加算器が構成できる。

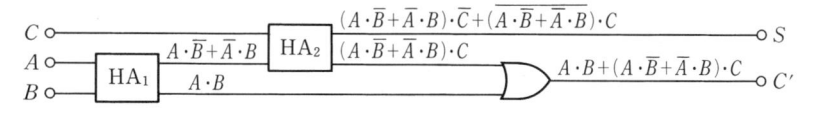

図 6.39　全加算器(1)

図の各ブロックはつぎの動作をする。

　　HA₁——入力 $A$, $B$ を加算

　　HA₂——$A$, $B$ の和（HA₁ の出力）と下位からのけた上げ $C$ を加算

　　OR——HA₁ または HA₂ のけた上げをつぎの全加算器に送る。

なお，**図 6.40** に式 (6.15)，(6.16) より構成した全加算器を示す。
図 6.40 に示す全加算器は下位からのけた上げを加えた 1 けたの加算しかで

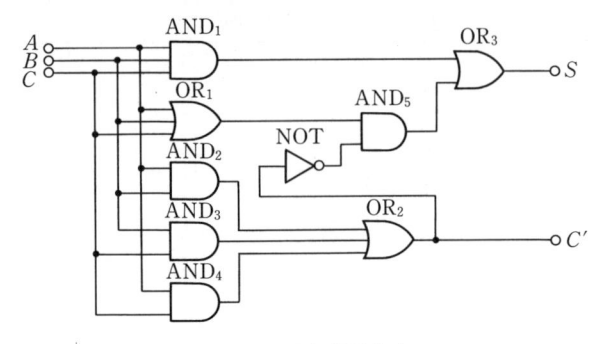

**図6.40** 全加算器(2)

きない。そこで2けたの加算を行うには全加算器が2個必要である。一般に $n$ けたの加算には $n$ 個の全加算器が必要である。

図6.41 は4ビットの全加算器の例である。

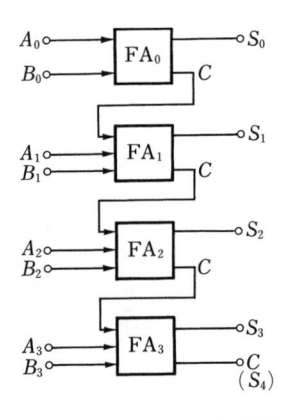

**図6.41** 4ビットの全加算器

(3) **減算** 補数 (complement) を使うと，加算器で減算を行うことができる。まず，補数を使って10進数の減算を行ってみよう。

$$\begin{array}{r} 365\cdots(被減数)\\ -115\cdots(減数)\\ \hline 250\cdots(答) \end{array}$$

(1) 9の補数による方法　　（2） 10の補数により方法

115の補数

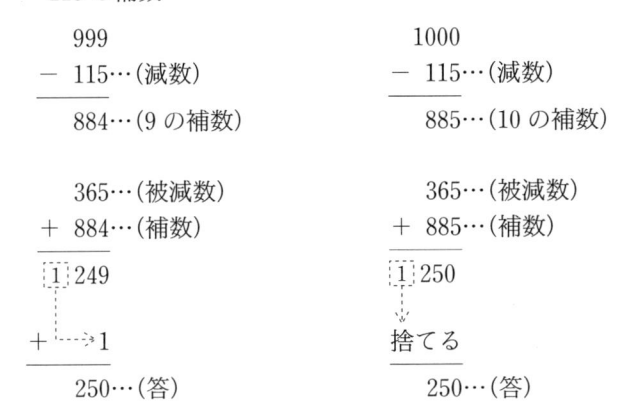

```
   999
 － 115 …（減数）
 ─────
   884 …（9の補数）
```

```
  1000
 － 115 …（減数）
 ─────
   885 …（10の補数）
```

```
   365 …（被減数）
 ＋ 884 …（補数）
 ─────
  [1]249
   └─→ 1
 ─────
   250 …（答）
```

```
   365 …（被減数）
 ＋ 885 …（補数）
 ─────
  [1]250
   ↓
   捨てる
   250 …（答）
```

以上の結果より補数を加算すると減算の答が出ることがわかる。なお，9の補数に1を加えると10の補数になることもわかる。

2進数の減算も同じようにして行うことができる。

```
   1101 …（被減数）
 － 1010 …（減数）
 ──────
   0011 …（答）
```

（1） 1の補数による方法　　（2） 2の補数による方法

```
   1111
 － 1010 …（減数）
 ──────
   0101 …（1の補数）
```

```
  10000
 － 1010 …（減数）
 ──────
   0110 …（2の補数）
```

```
   1101 …（被減数）
 ＋ 0101 …（補数）
 ──────
  [1]0010
   └─→ 1
 ──────
   0011 …（答）
```

```
   1101 …（被減数）
 ＋ 0110 …（補数）
 ──────
  [1]0011
   ↓
   捨てる
   0011 …（答）
```

1の補数をつくるには各けたの1と0を全部逆にすればよい。また2の補数は1の補数に1を加えて求めることもできる（5.1.3(4)参照）。

**(4) エンコーダとデコーダ** コンピュータやディジタル機器の情報処理は2進符号で行われている。したがって，10進数のデータは2進符号に変換して入力しなければならない。変換には，**エンコーダ**（符号器）を用いる。

出力する場合は，2進符号を10進数のデータに変換する必要がある。この場合は，**デコーダ**（復号器）を用いる。

**(a) エンコーダ** 図6.42は，10進数を4ビットの2進符号に変換するエンコーダの例である。図のように10進数の5を入力すると，ORゲートをとおって2進符号0101を出力する。

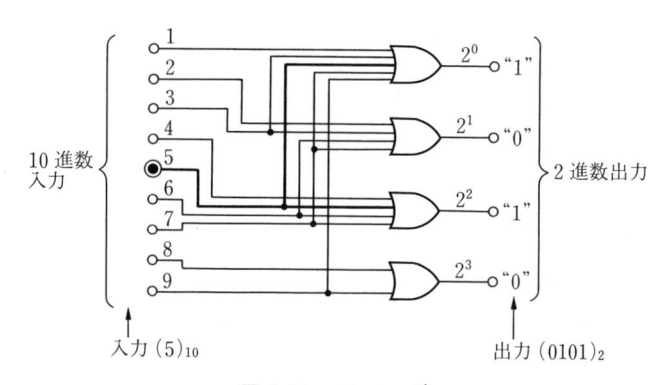

図6.42 エンコーダ

**(b) デコーダ** 図6.43の回路は，コード化された4ビットの2進数を入力すると，多数ある出力端子からただ一つが選択されて，10進数を出力するデコーダの一例である。

たとえば，2進数0101が入力されると，出力端子5のAND素子の入力が$\bar{0}\cdot 1\cdot \bar{0}\cdot 1$となってAND条件が成立するので10進数の5を出力する。図6.44はIC化されたデコーダの一例である。

また，図6.45はコンピュータなどによく使用される**アドレスデコーダ**（address decoder）の例である。これはコンピュータの周辺装置などをプログラムで選択する場合に用いられる。入力信号があらかじめ定められた条件を満足したときだけ出力するデコーダの応用回路である。

図は入力が16進数で5A $(01011010)_2$のとき1を出力するアドレスデコー

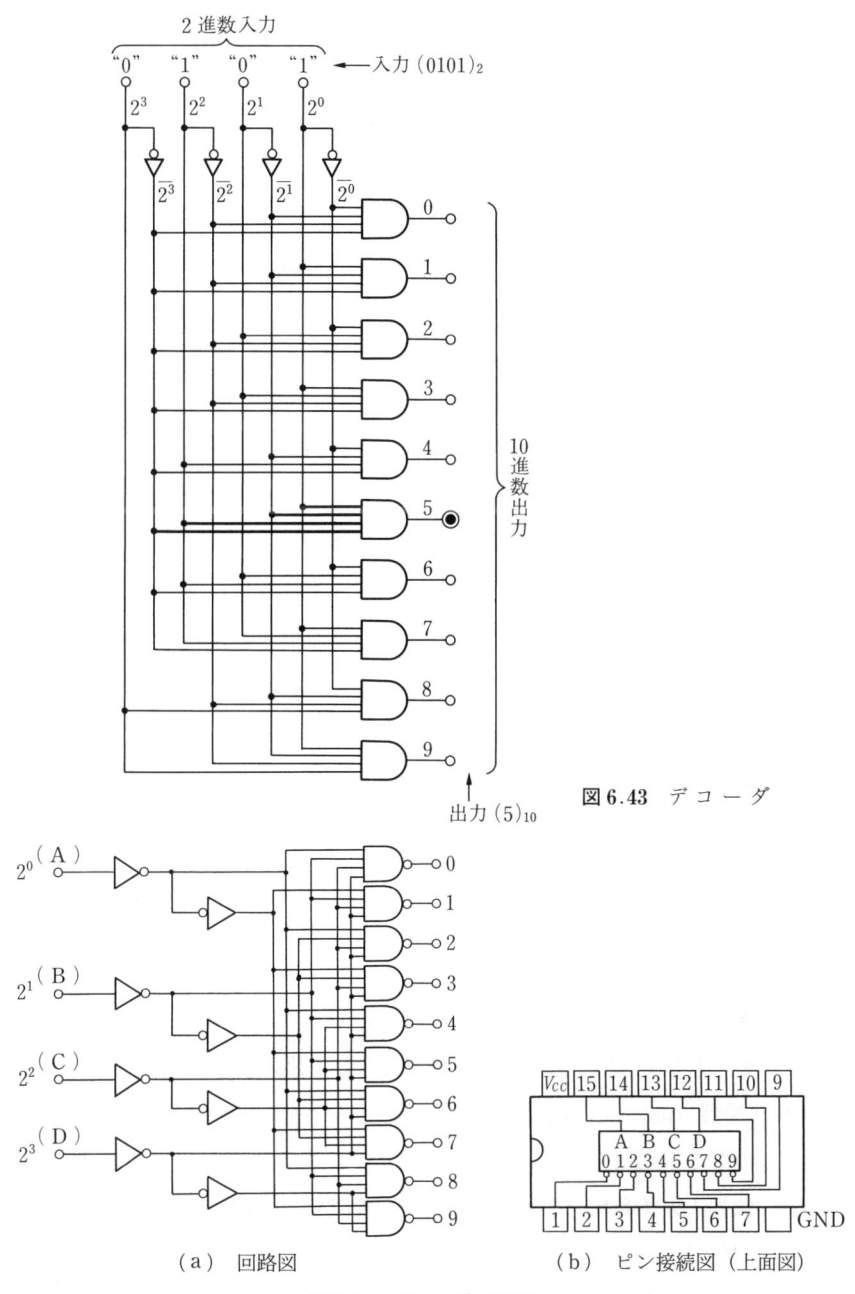

6.2 無接点シーケンスの基本回路　121

図 6.43　デコーダ

(a)　回路図
(b)　ピン接続図（上面図）

図 6.44　デコーダ (MSI)

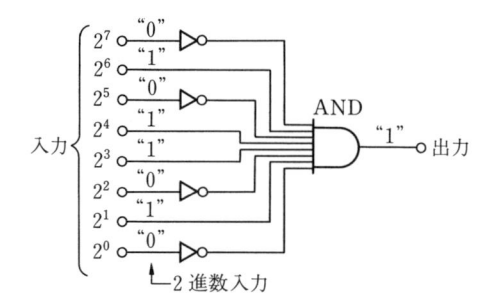

**図 6.45** アドレスデコーダ

ダである。これは，AND 回路の入力がすべて 1 になれば出力が 1 となるから，入力が 0 である入力回路（$2^7$, $2^5$, $2^2$, $2^0$）に NOT 素子を接続して 0 を 1 に反転すれば，AND 回路の入力がすべて 1 になって，AND 回路は 1 を出力する。

（5）**シフトレジスタ**　コンピュータの内部でデータを一時記憶する回路を**レジスタ**（register）という。コンピュータは 2 値信号を扱うので，レジスタには 0 と 1 の 2 値信号を記憶することができるフリップフロップが用いられる。記憶した内容を右または左に 1 ビットずつ順に移動させることができるレジスタを**シフトレジスタ**（shift register）という。

シフトレジスタにはいろいろな方式がある。

（a）**直列入力並列出力方式**　データを左から 1 ビットずつ入力して記憶させ，記憶しているデータを同時に並列に出力する方式である。この方式は，直列信号を並列信号に変換するから **S-P 変換器**（serial-parallel converter）とも呼び，データ通信などに利用される。

（b）**並列入力直列出力方式**　データを並列信号で同時に入力して記憶し，1 ビットずつ押し出すかたちで直列信号にして出力する方式である。これは **P-S 変換器**（parallel-serial converter）ともいわれ，S-P 変換器とともにデータ通信などに利用される。

（c）**並列入力並列出力方式**　データを並列信号で同時に入力して一時記憶し，並列信号で同時に出力する方式である。この方式はコンピュータの内部またはコンピュータとその周辺装置とのデータ伝送などに利用される。

図 6.46 は並列入力直列出力方式の原理図である．読込みパルスで同時に 4 ビットのデータを並列に入力して一時記憶する．出力は，クロックパルスで 1 ビットずつ右へシフトして直列信号で出力する．

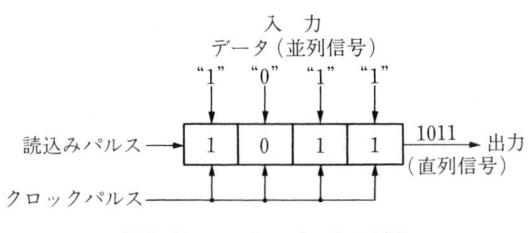

**図 6.46 シフトレジスタの原理**

図 6.47 は，入出力が直列または並列のどちらでも使える万能のシフトレジスタである．これは，P-S 変換および S-P 変換が可能である．

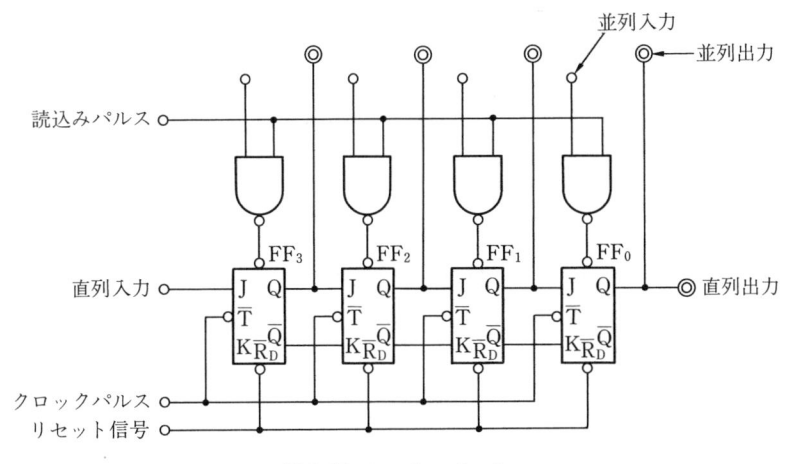

**図 6.47 シフトレジスタ**

---
練　習　問　題
---

**6.1** AND 回路および OR 回路が利用されている例を調べよ．

**6.2** 図 6.48 において，つぎの問に答えよ．

（1）　スイッチ $S_1$, $S_2$, $S_3$ のいずれを ON にしてもランプ $SL_1$ が点灯する回路をつくれ．

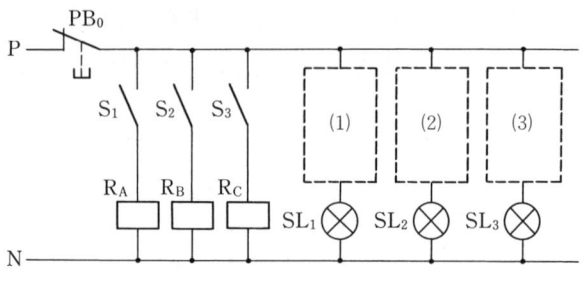

**図 6.48** 6.2 のリレー回路

(2) $S_1$, $S_2$, $S_3$ を全部同時に ON にすると，ランプ $SL_2$ が点灯する回路をつくれ。

(3) $S_1$ と $S_2$ が ON，または $S_1$ と $S_3$ が ON のとき，ランプ $SL_3$ が点灯する回路をつくれ。

**6.3** タイマの限時動作瞬時復帰の a 接点の動作を図 6.49 のタイムチャートに表せ。遅延時間 $t$ は任意とする。

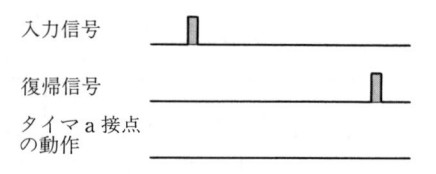

**図 6.49** 6.3 のタイムチャート

**6.4** テレビの早押しクイズ番組で，4 人の解答者の中から一番早く押した解答者を決める回路をつくれ（図 6.9 参照）。

**6.5** 図 6.50 の論理回路につぎの入力をした場合の出力 $X$ を求めよ。

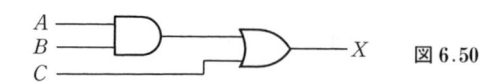

**図 6.50**

(1) $A=L$　$B=L$　$C=L$　$X=$
(2) $A=H$　$B=L$　$C=L$　$X=$
(3) $A=H$　$B=H$　$C=L$　$X=$
(4) $A=L$　$B=L$　$C=H$　$X=$

**6.6** 図 6.51 の入出力端子は L 能動か，H 能動か。（　）内に記入せよ。

**6.7** 図 6.52 の回路を NAND 素子だけで構成せよ。

（　　）入力端子 ─▷○─（　　）出力端子

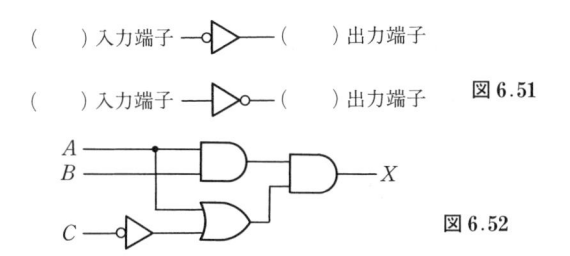

（　　）入力端子 ─▷○─（　　）出力端子　　図 6.51

図 6.52

- 6.8　図 6.25 の禁止回路をリレー回路で構成せよ。
- 6.9　つぎの多数決回路の論理式を，ブール代数を使って簡単化せよ。
$$X = \bar{A}\cdot B\cdot C + A\cdot \bar{B}\cdot C + A\cdot B\cdot \bar{C} + A\cdot B\cdot C$$
- 6.10　図 6.53 の各回路に，タイムチャートに示すタイミングで入力が与えられたときの，各出力の状態をタイムチャートに記入せよ。

(1)

(2)

(3)

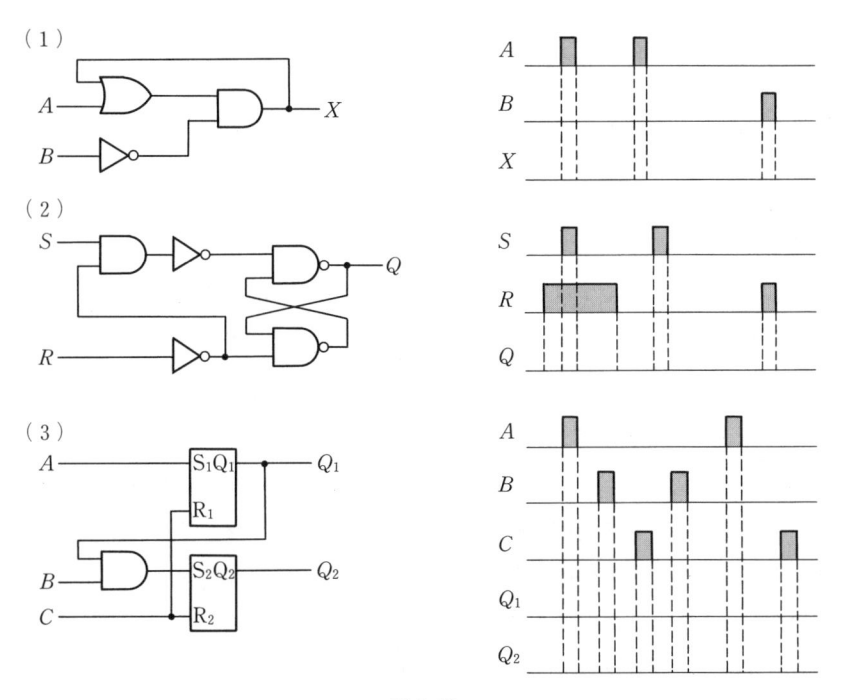

図 6.53

- 6.11　アドレスデコーダの入力が，16 進数の B3 であるとき，出力が 1 となる回路を構成せよ。

# 7 プログラマブルコントローラの基礎

プログラマブルコントローラ（PC）は，制御用コンピュータより取り扱いが簡単で容易にプログラミングができるので，各種工作機械・産業用ロボットおよびシステム全体の FA まで幅広く使用されている。

PC の概要については，1.2.1項で述べたので，ここでは PC の構成，動作およびプログラミングの基本について解説する。PC による制御の実際については9章で述べる。

## 7.1 プログラマブルコントローラとは

プログラマブルコントローラは，略して PC と呼び，一般にシーケンサという商品名で知られている。PC は，制御の手順や処理方法をプログラムとしてメモリに格納しておくプログラム内蔵方式を用いている。したがって，制御内容の変更や修正は，プログラムを変えるだけで制御盤の配線を変えなくてもすぐに対応できる。

### 7.1.1 PC の基本構成

PC は，マイクロコンピュータを内蔵し，リレー機能のほかにタイマやカウンタなどのシーケンス制御に必要な基本機能をもっている。さらにアナログ制御・位置決め制御・通信機能などの特殊機能をもつものもある。

図7.1に PC の基本構成を示す。

**メモリ部**は，プログラムとデータを記憶する。プログラムのメモリ部では，制御の手順を PC の言語で書かれたプログラムとして記憶する。メモリは，コンピュータと同様にプログラムの書換えが自由にできる RAM と，PC 内部の処理を進める読出し専用の ROM から構成されている。

7.1 プログラマブルコントローラとは　　127

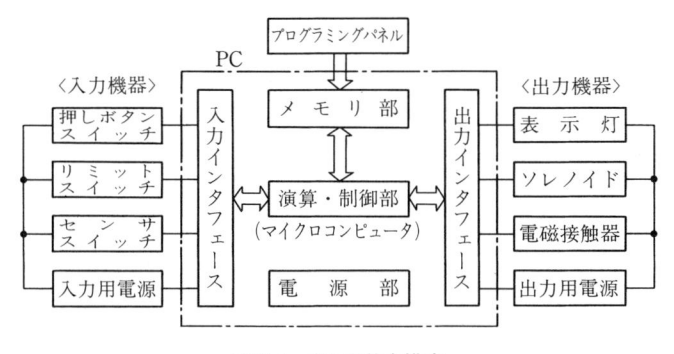

**図7.1　PCの基本構成**

　**演算・制御部**は，コンピュータのCPUに相当し，アドレスを示すプログラムカウンタ，命令を一時記憶するレジスタ，命令を解読するデコーダおよび算術演算や論理演算を行う演算装置から構成されている。制御部は，メモリからプログラムを読出し，命令を解読する。その命令に従ってデータや入力機器の信号を取り込み，演算結果などを含めて，制御信号を出力部へ出力したり，演算結果などをメモリへ格納するなどの処理を行う。

### 7.1.2　PCの動作

　PCの動作を要約するとつぎのようになる。図7.2に示す基本的なPCについて説明する。

**〈動作説明〉**

　（ⅰ）　外部信号で入力リレーを動作させる。押しボタンスイッチ$PB_1$を押すと，入力リレーX 001のコイルが励磁される。

　（ⅱ）　入力リレーの接点で内部シーケンス回路を動作させる。入力リレーX 001が動作すると，出力リレーY 000が動作して自己保持する。

　（ⅲ）　シーケンス回路の演算結果を出力する。出力リレーが動作すると，外部出力用のa接点Y 000がONとなる。

　（ⅳ）　出力リレーで負荷を運転・制御する。a接点Y 000がONすると，出力端子に接続されている負荷の表示灯が点灯する。

　このようにして，指令またはセンサなどの入力信号をシーケンス回路が判断

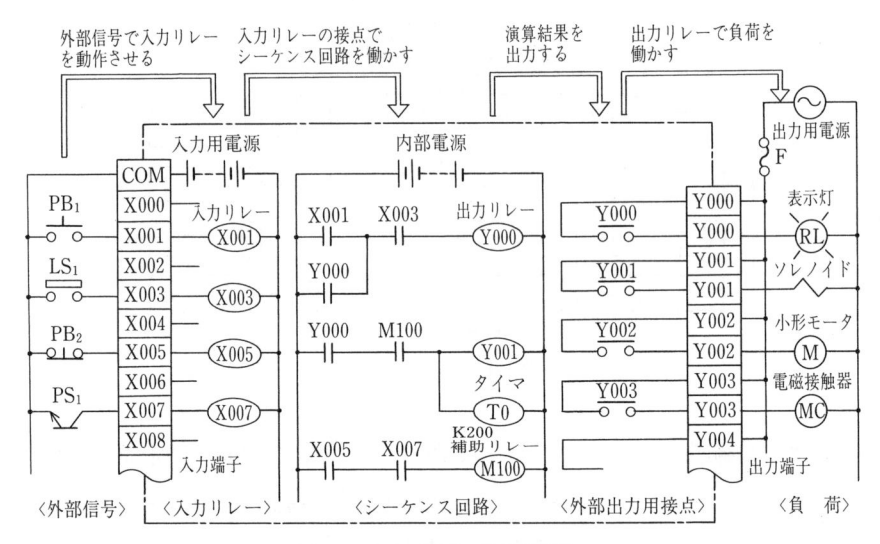

**図 7.2** PC の動作（旧図記号）

して，出力リレーを介して負荷を制御する。内部のシーケンス回路は，まえもってプログラムをプログラミングパネルより入力しておく必要がある。PC の内部には，CPU，メモリのほかに入力リレー，出力リレー，補助リレー，タイマ，カウンタ，入出力インタフェースなどが内蔵されている。CPU，メモリを除いたリレーなどを PC の要素という。

## 7.2 PC のプログラム方式

PC のプログラム方式には，ラダー方式，フローチャート方式，ステップラダー方式，SFC（sequential function chart）方式がある。これらの中でリレーシーケンスによく似たラダー方式が最もよく使用されている。

### 7.2.1 ラ ダ ー 図

**（1） ラダー図とは**　ラダー（ladder）とは梯子の意味で，左右に制御電源の母線があって，制御回路を横書きに梯子段のように積み重ねていくのでこのように呼ばれている。これは，従来から使用されているリレーシーケンス図とよく似ているから，特別な専門知識がなくても使いこなせるので，PC のプ

ログラム方式としてラダー図を使ったラダー方式が広く利用されている。

ラダー図は，制御の手順を容易に把握できるので修正が簡単で，現場で扱うことができる。ラダー図のことを回路プログラムともいう。

（2）**PCのシーケンス命令**　PCのシーケンス命令は，大規模なシステム用では250にもおよぶ多くの命令があるが，実用化されている基本的なシーケンス命令を**表7.1**に示す。

各命令の機能はつぎのとおりである。

（ⅰ）　LD（ロード）：a接点を母線に接続する命令
（ⅱ）　LDI（ロードインバース）：b接点を母線に接続する命令
（ⅲ）　AND（アンド）：a接点を直列接続（ANDをとるという）する命令
（ⅳ）　ANI（アンドインバース）：b接点を直列接続する命令
（ⅴ）　OR（オア）：a接点を並列接続（ORをとるという）する命令
（ⅵ）　ORI（オアインバース）：b接点を並列接続する命令
（ⅶ）　ANB（アンドブロック）：並列回路のブロックを直列接続する命令
（ⅷ）　ORB（オアブロック）：直列回路のブロックを並列接続する命令
（ⅸ）　OUT（アウト）：出力リレーのコイルなどを駆動する命令
（ⅹ）　SET（セット）：出力リレーなどの動作を保持させる命令
（ⅺ）　RST（リセット）：出力リレーなどの動作保持を解除する命令

### 7.2.2　シーケンスプログラミング

PCのプログラミングとは，制御内容を表したラダー図をPCが実行できる命令に変換することで，これを**コーディング**（coding）という。ラダー図の上から順に，ステップごとにコーディングして表にしたのをコーディング表またはプログラムという（表7.2参照）。

PCにプログラムを入力すると，PCは内部にラダー図を構成する。

なお，ラダー図の図記号を直接PCに入力して，ディスプレー上でラダー図を構成していく機種もある。

基本的な制御回路を例に，プログラミングについて解説する。

表 7.1 PC のシーケンス命令

| 命令記号<br>(呼　称) | 機　能 | 図　面　表　示 |
|---|---|---|
| LD<br>(ロード) | 演算開始<br>(a 接点) | |
| LDI<br>(ロードインバース) | 演算開始<br>(b 接点) | |
| AND<br>(アンド) | 直列接続<br>(a 接点) | |
| ANI<br>(アンドインバース) | 直列接続<br>(b 接点) | |
| OR<br>(オア) | 並列接続<br>(a 接点) | |
| ORI<br>(オアインバース) | 並列接続<br>(b 接点) | |
| ANB<br>(アンドブロック) | ブロック間<br>直列接続 | |
| ORB<br>(オアブロック) | ブロック間<br>並列接続 | |
| OUT<br>(アウト) | コイル駆動<br>(命　令) | |
| SET<br>(セット) | 動作保持<br>(コイル命令) | |
| RST<br>(リセット) | 動作保持解除<br>(コイル命令) | |

### (1) プログラミングの原則

(ⅰ) 制御はステップの番号順に行われる。

(ⅱ) プログラムは，ラダー図の左から右へ，上から下へ順に進める。

(ⅲ) 並列回路があるときは，これを実行してから右へ進める。

(ⅳ) b 接点は，インバース (Inverse) の I をつける。例えば，b 接点を直

列接続するときは ANI とする。AND NOT と示す場合もある。

（ⅴ）　接点はすべてリレーのコイルの左側に接続する（**図7.3**参照）。

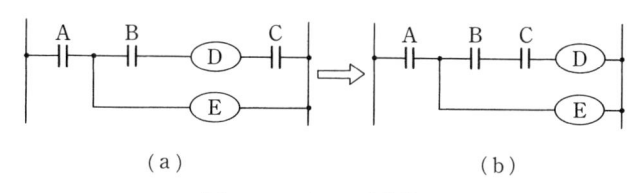

**図7.3**　コイルの接続位置

（ⅵ）　同じ出力を2度使う（二重出力という）と後側が優先して前側の出力は無視されるので**図7.4**のように出力を一つにまとめる。

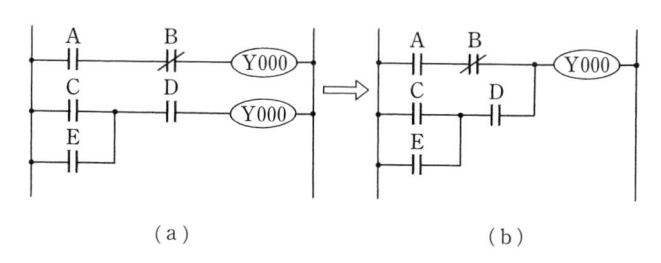

**図7.4**　二重出力の禁止

（2）　**自己保持回路**　　すでに述べた自己保持回路をプログラミングすると、つぎのようになる。まず、リレーシーケンス図からラダー図をかき、プログラミングすると**表7.2**のようになる。

**表7.2**　プログラム

| ステップ | 命 | 令 |
|---|---|---|
| 0 | LD | X 000 |
| 1 | OR | Y 000 |
| 2 | ANI | X 001 |
| 3 | OUT | Y 000 |
| 4 | LD | Y 000 |
| 5 | OUT | Y 001 |
| 6 | END | |

ラダー図は，図7.5(b)のように左右に制御母線をかく。a接点は ─| |─，b接点は ─|/|─ で表す。出力用リレーおよび機器は楕円または円で表す。リレー接点および機器には番号をつける。リレーとその接点のように連動するものには同じ番号をつける。プログラムのステップは制御の順番とアドレスを，命令は制御内容と入出力機器の番号を表す。

〈記号〉 R, T：制御母線（AC）
　　　　PB：押しボタンスイッチ
　　　　R：電磁リレー
　　　　RL：表示灯（赤色）

(a) リレーシーケンス図　　(b) ラダー図

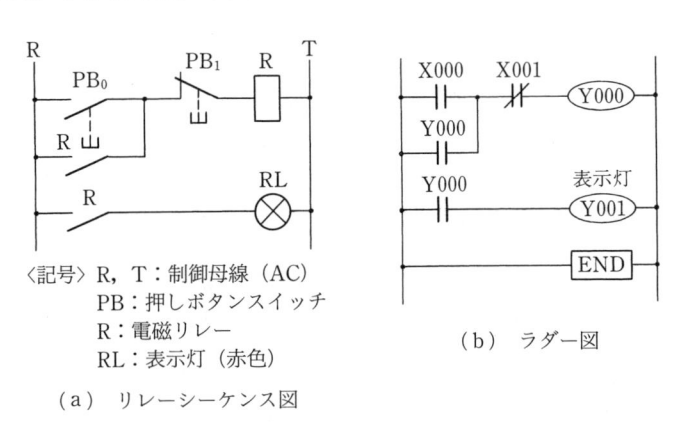

図7.5　自己保持回路

**（3）遅延動作回路**　図7.6は遅延動作回路で，リレーシーケンス図の動作はすでに述べた図6.6と同じである。

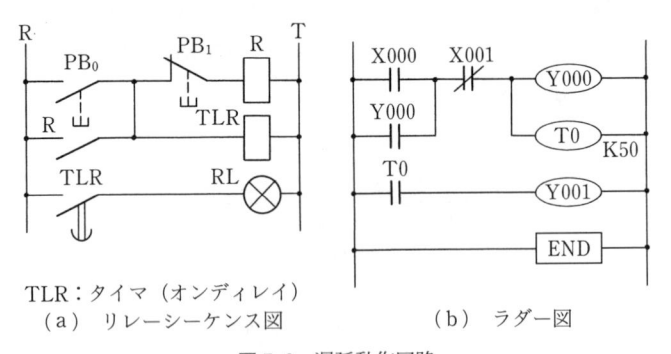

TLR：タイマ（オンディレイ）
(a) リレーシーケンス図　　(b) ラダー図

図7.6　遅延動作回路

図7.6(b)のラダー図において，T0はオンディレイタイマである。K50はタイマのセット時間で5秒の遅れを表す。セット時間は0.01秒から，長いも

のでは10日までセットできるタイマもある。

　リレーシーケンス図とラダー図が一部異なるのは，コーディングを容易にするためで，回路の働きは変わらない。**表7.3**はプログラムで，タイマ出力は時間をセットするので3ステップ必要である。

表7.3　プログラム

| ステップ | 命 | 令 |
|---|---|---|
| 0 | LD | X 000 |
| 1 | OR | Y 000 |
| 2 | ANI | X 001 |
| 3 | OUT | Y 000 |
| 4 | OUT | T 0 |
|  | SP | K 50 |
| 7 | LD | T 0 |
| 8 | OUT | Y 001 |
| 9 | END |  |

## 7.3　PCの選定と利用手順

### 7.3.1　PC の 選 定

　一般にシーケンサとして市販されているPCは，機能別，用途別，容量別など多くの機種がある。その中から最も適切な機種を選定するには，つぎの事項を検討する必要がある。

（1）**入出力点数を決める**　　押しボタンスイッチやリミットスイッチなどの入力機器の数をチェックする。5ノッチのロータリスイッチは，スイッチは1個でも5点として数える。出力機器では，表示灯，電磁接触器などはそれぞれ1点である。

　入出力点数は，リレーシーケンス図より容易に数えることができる。小形のマイクロシーケンサでは，入出力合せて10～60点位まで，汎用シーケンサでは，4 000点位の機種もある。

（2）**入出力電圧および出力形式の選定**　　入力電圧は一般にDC 12 Vまたは24 V，AC 100 Vである。出力電圧は，トランジスタではDC 5～30 V，

リレーでは AC 100〜240 V である。最大負荷電流は 1〜4 A で，8 A 位の機種もある。AC・DC 共用負荷にはリレー出力，AC 負荷には SSR，DC 負荷にはトランジスタ出力が多く用いられる。

### 7.3.2　PC の利用手順

（1）**リレーシーケンス図の作成**　　ラダー図と対応させるために，横書き展開接続図が便利である。入出力機器の点数などの確認が容易にできる。

（2）**入出力機器の割付け**　　入力機器と PC 内部の入力リレーの番号および出力機器と出力リレーの番号を対応させて，それぞれ番号を割付ける（図 7.2 参照）。

（3）**外部接続図の作成**　　入出力端子に接続する入出力機器の外部接続図を作成する。

（4）**ラダー図の作成**　　リレーシーケンス図をもとにラダー図を作成する。習熟すれば，リレーシーケンス図を省略して直接ラダー図を作成することもできる。

（5）**プログラミング**　　ラダー図に従ってプログラミング（コーディング）する。そしてプログラム（コーディング表）を作成する。

（6）**プログラムの入力と試運転**　　プログラミングパネルよりプログラムを入力して試運転を行う。異常がなければプログラムを保存して運転に入る。異常があれば，リレーシーケンス図，ラダー図などをチェックしてプログラムを修正する。プログラムの変更が容易であることが PC の特長である。

──────────── 練 習 問 題 ────────────

7.1　シーケンス制御機器の PC とは何か。簡単に説明せよ。

7.2　PC のシーケンス命令で，LD および ANI はどのような命令か。

7.3　図 6.7 フリッカ回路のラダー図をつくれ。押しボタンスイッチ $PB_0$ を X 000，$PB_1$ を X 001，リレー R を Y 000，タイマ $TLR_1$ を T 1，$TLR_2$ を T 2，表示灯 SL を Y 001 とする。タイマのセット時間は，T 1 を 3 秒，T 2 を 5 秒とする。

# 8 シーケンス制御の実際

アクチュエータとして最も広く使用されている各種の電動機の制御を重点に，リレーシーケンス制御，無接点シーケンス制御およびインバータ制御の実際について解説する。

## 8.1 電動機の制御

### 8.1.1 三相誘導電動機の制御

工場やビルなどで汎用モータとして広く使用されている三相誘導電動機の制御について述べる。

**(1) 三相誘導電動機の始動制御**　　三相誘導電動機は，回転子の構造によりかご形誘導電動機と巻線形誘導電動機がある。ほぼ10 kW以下の汎用モータはかご形誘導電動機である。かご形誘導電動機の始動法には，直入れ始動法，Y-△始動法，始動補償器による始動法などがある。

**(a) 直入れ始動法**　　電動機に直接定格電圧を加えて始動する方法で，全電圧始動法とも呼ばれている。始動電流が定格電流の5～7倍も流れるので5 kW以下の小形電動機に用いられる。この始動法は，操作が簡単で始動トルクが比較的大きいのが特長である。

図8.1は，直入れ始動・運転・停止の制御回路の一例である。図(b)は旧図記号で表したもので，回路の動作は変わらない。

〈動作説明〉

(i) RSTは三相交流電源の相順を示す。配線用遮断器MCCBを投入すると，緑色ランプGLが点灯して，電源投入とモータが停止していることを表

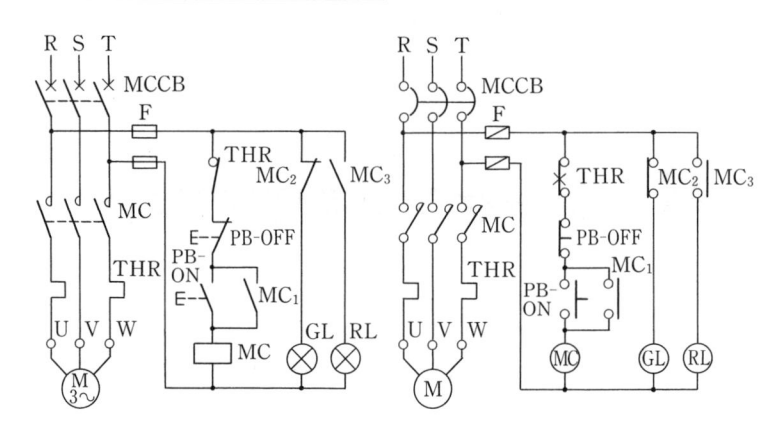

**(a) 回路図-(1)**　　　　**(b) 回路図-(2)（旧図記号）**

MCCB：配線用遮断器　　　UVW：モータ端子
MC：電磁接触器　　　　　F：ヒューズ
THR：サーマルリレー　　　PB：押しボタンスイッチ
M：誘導電動機　　　　　　GL：緑色ランプ
$MC_1$〜$MC_3$：MCの補助接点　RL：赤色ランプ
RST：三相交流電源

図 8.1　三相誘導電動機の直入れ始動制御

示する。

（ii）始動用押しボタンスイッチ PB-ON を押すと，電磁接触器 MC が動作して主回路の接点 MC が閉じ，モータが始動する。緑色ランプ GL が消灯し，赤色ランプ RL が点灯して，モータが運転中であることを表示する。

（iii）PB-ON は一瞬押すだけでよい。電磁接触器 MC の動作と同時に補助接点 $MC_1$ が閉じるので，MC は自己保持して動作を継続する。

（iv）停止用押しボタンスイッチ PB-OFF を押すと，電磁接触器 MC が開放され，主接点 MC が開いてモータは停止する。補助接点 $MC_2$（b 接点）が閉じ，$MC_3$（a 接点）が開くので RL が消灯し，GL が点灯してモータが停止したことを表示する。a 接点 $MC_1$ が開いて，MC の自己保持は解除される。

（v）運転中に，過負荷などでモータに過大電流が流れると，サーマルリレーが動作して b 接点 THR を開き，電磁接触器 MC を開放して，モータの焼損を防止する。

（vi） MCCB を開放すると表示灯 GL が消灯する。

図 8.2 にラダー図，表 8.1 にそのプログラムを示す。PC では，THR を外部回路へ接続する。

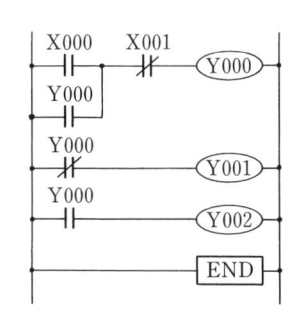

表 8.1　プログラム

| ステップ | 命 | 令 |
|---|---|---|
| 0 | LD | X 000 |
| 1 | OR | Y 000 |
| 2 | ANI | X 001 |
| 3 | OUT | Y 000 |
| 4 | LDI | Y 000 |
| 5 | OUT | Y 001 |
| 6 | LD | Y 000 |
| 7 | OUT | Y 002 |
| 8 | END | |

X 000：PB-ON　　Y 000：MC
X 001：PB-OFF　 Y 001：GL
　　　　　　　　Y 002：RL

図 8.2　直入れ始動法のラダー図

**（b） Y-△（スターデルタ）始動法**　　三相誘導電動機は，始動電流が非常に大きいために，5.5 kW 以上の普通かご形誘導電動機および 11 kW 以上の特殊かご形誘導電動機の始動には Y-△始動法が使用される。

この始動法は，図 8.3 (b) のように一次巻線の各相ごとに端子（U-Z，V-X，W-Y）を出し，Y 結線と△結線の切換えができるようにしたものである。Y 結線で電源を投入し，モータが定格速度近くに達したとき，タイマ TLR が動作して，△結線に切換える。Y 結線では各相の巻線に定格電圧の $1/\sqrt{3}$ 倍の電圧が加わるから，△結線（直入れ始動）に比べて始動電流，始動トルクがともに 1/3 に低下する。したがって重負荷始動は困難である。

図 8.4 は直入れ始動法と Y-△始動法を比較した電流とトルクの特性曲線である。横軸はすべり $s$（slip）を表し，始動時の速度 0 では $s=1$，同期速度では $s=0$ になる。

**（c）巻線形誘導電動機の始動法**　　巻線形誘導電動機は，固定子と同じように回転子に三相巻線がほどこされ，スリップリングとブラシをとおして，外

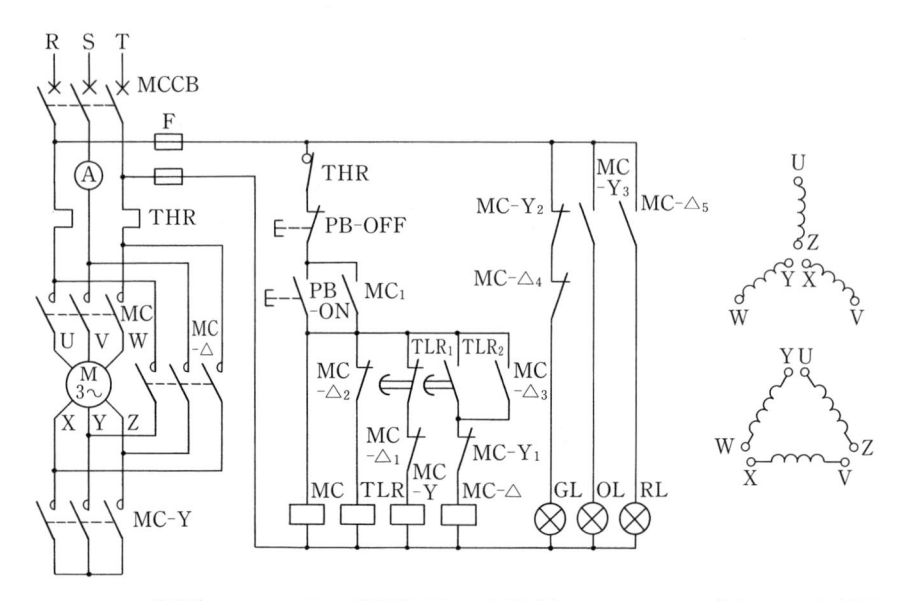

A：電流計　　　　GL：電源表示ランプ（緑色）　　　（b）　Y-△結線図
TLR：タイマ　　　OL：Y結線始動表示ランプ（橙色）
U～Z：モータ端子　RL：△結線運転表示ランプ（赤色）

(a) 回路図

図8.3　三相誘導電動機のY-△始動制御回路

部の始動抵抗器に接続されている。この始動抵抗器を調整して，図8.5のように最大の始動トルクで，しかも最小の始動電流でモータを始動できるので，起重機などの重負荷始動に広く利用されている。

図8.5において，始動抵抗器の抵抗が0の場合は，二次抵抗$r_2$は二次巻線の抵抗だけとなり，始動トルク$\tau_s$は小さく，しかも大きな始動電流$I_s$が流れる。

そこで，始動抵抗器の抵抗を増して二次抵抗を$r_2''$にすると始動トルクは最大の$\tau_s''$となり，始動電流は最少の$I_s''$となる。

モータが始動し，回転速度が上昇するに伴って一次電流が減少するので，始動抵抗器のノッチを切換えて，$r_2'' \to r_2' \to r_2$のように二次抵抗を順次減少させる。電動機が定格速度近くに達したとき，始動抵抗器を短絡して定格速度でモ

8.1 電動機の制御　139

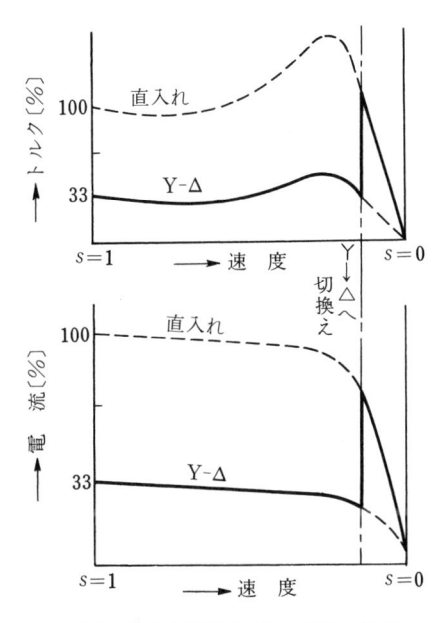

図 8.4　直入れ始動と Y-△始動の比較

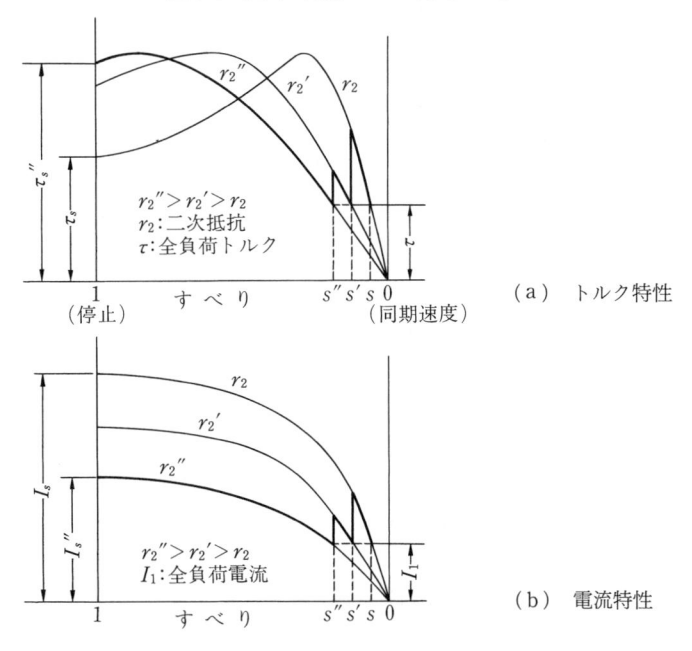

(a) トルク特性

(b) 電流特性

図 8.5　巻線形誘導電動機の始動特性

ータを運転する。

図(a)の $\tau$ は全負荷トルクで，図(b)の $I_1$ は全負荷電流である。一般にすべり $s$ は数％で運転される。

図(a)において，二次抵抗 $r_2$ を $r_2'=2r_2$, $r_2''=3r_2$ にすると，すべりが $s'=2s, s''=3s$ に変わるが，トルクの大きさは変わらない。これは前に述べた**比例推移**で，速度制御ができるが効率が悪くなる。

図8.6は巻線形誘導電動機の始動制御回路の例である。

**（2）三相誘導電動機の正転・逆転制御** 三相誘導電動機の回転方向を逆

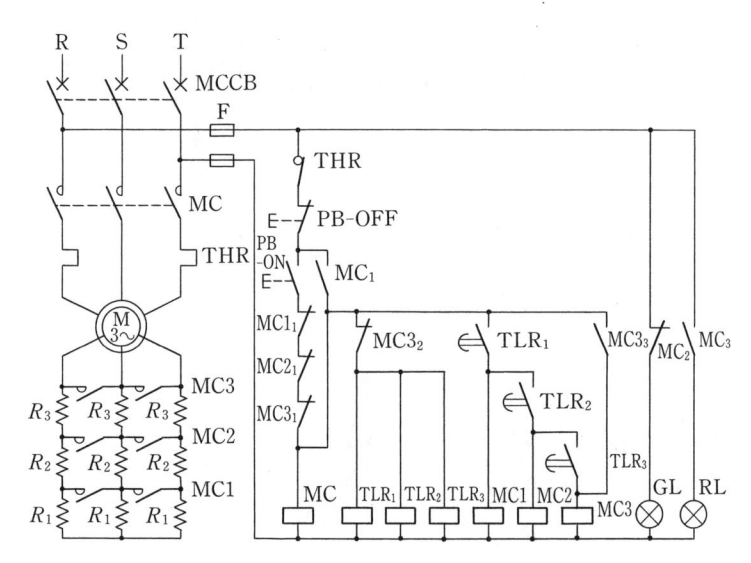

図8.6 巻線形誘導電動機の始動制御

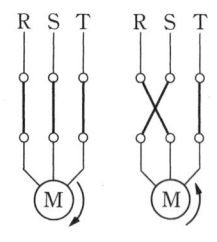

図8.7 三相誘導電動機の
正転・逆転

（a）正転　（b）逆転

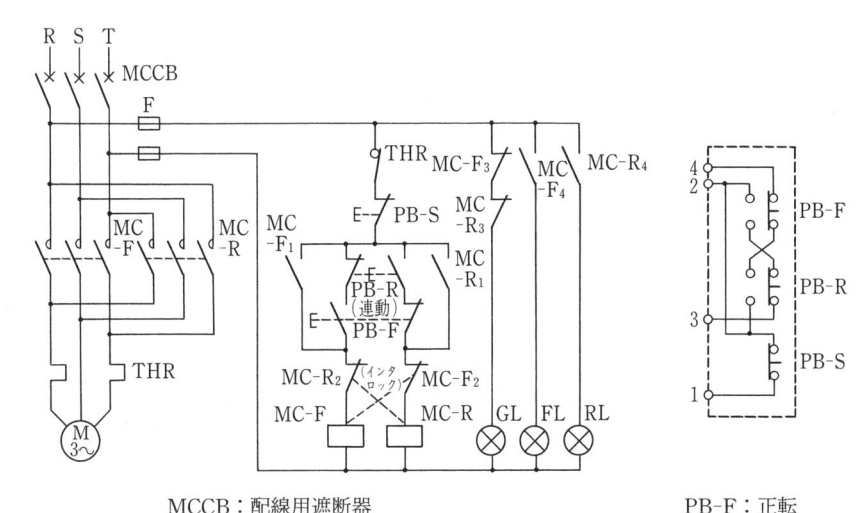

MCCB：配線用遮断器
MC-F：電磁接触器（正転）
MC-R：電磁接触器（逆転）
THR：サーマルリレー
F：ヒューズ
PB-F：押しボタンスイッチ（正転）
PB-R：押しボタンスイッチ（逆転）
PB-S：押しボタンスイッチ（停止）
GL：表示ランプ（停止）
FL：表示ランプ（正転）
RL：表示ランプ（逆転）

（a）回路図

PB-F：正転
PB-R：逆転
PB-S：停止

（b）押しボタンスイッチの内部接続図（旧図記号）

図8.8　三相誘導電動機の可逆運転制御

にするには，図8.7のように電動機に接続されている3線のうち，任意の2線を入換えればよい．図8.8に正転・逆転制御回路の例を示す．

### 8.1.2　単相誘導電動機の制御

電気洗濯機や扇風機などに利用されている単相誘導電動機はいろいろな種類があるが，家庭用および工業用に広く使用されているコンデンサモータの制御について述べる．

**コンデンサモータの制御**　　コンデンサモータの始動トルクの方向は，主巻線と始動巻線の磁界の位相関係によって決まる．したがって，磁界をつくる位相関係を逆にすると移動磁界の方向が逆になるから，モータの回転方向を変え

142　　8. シーケンス制御の実際

るには，図 8.9 のように主巻線と始動巻線のうち，どちらかの電源に対する接続を逆にすればよい．

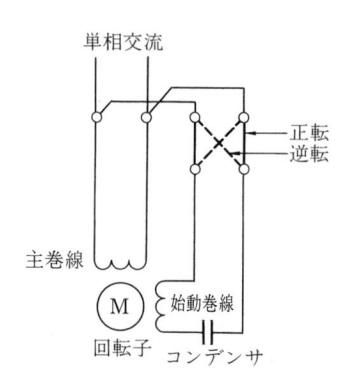

図 8.9　コンデンサモータの正転・逆転

図 8.10 はコンデンサモータの正転・逆転制御回路の例である．押しボタンスイッチのインタロックは省略してあるが，一般に図 8.8(b)のインタロック内蔵形が使用される．また，補助接点に余裕がない場合は，表示灯を図のように接続することも可能である．なお，主巻線と始動巻線のインピーダンスが等しい場合は，図(b)のように回路が簡単に構成できる．

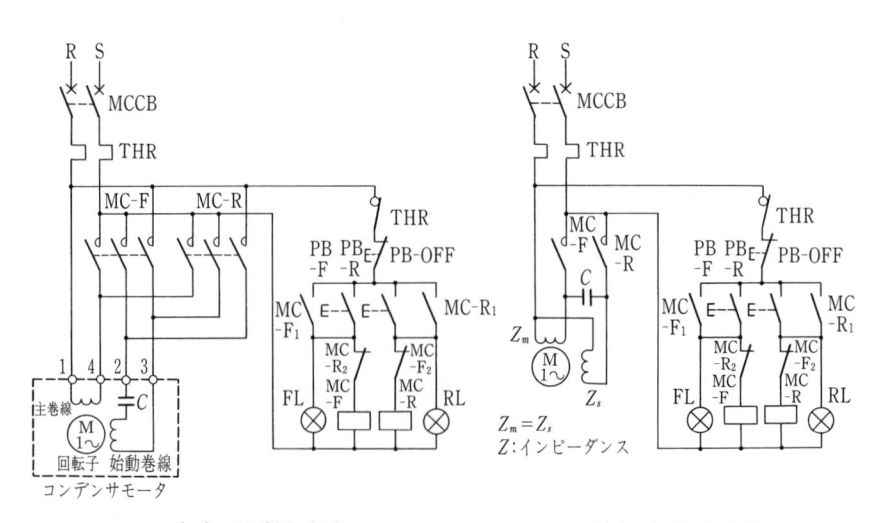

(a)　回路図-(1)　　　　　　(b)　回路図-(2)

図 8.10　コンデンサモータの正転・逆転制御

## 8.1.3 無接点シーケンスによる電動機の制御

**三相誘導電動機の正転・逆転制御**　すでに述べたリレーシーケンスによる三相誘導電動機の正転・逆転制御を無接点シーケンスで行う例である。主回路は電磁接触器を用いた有接点とし，制御回路を無接点化した一例を図 8.11 に示す。主回路のリレーシーケンス図は旧図記号で表してある。

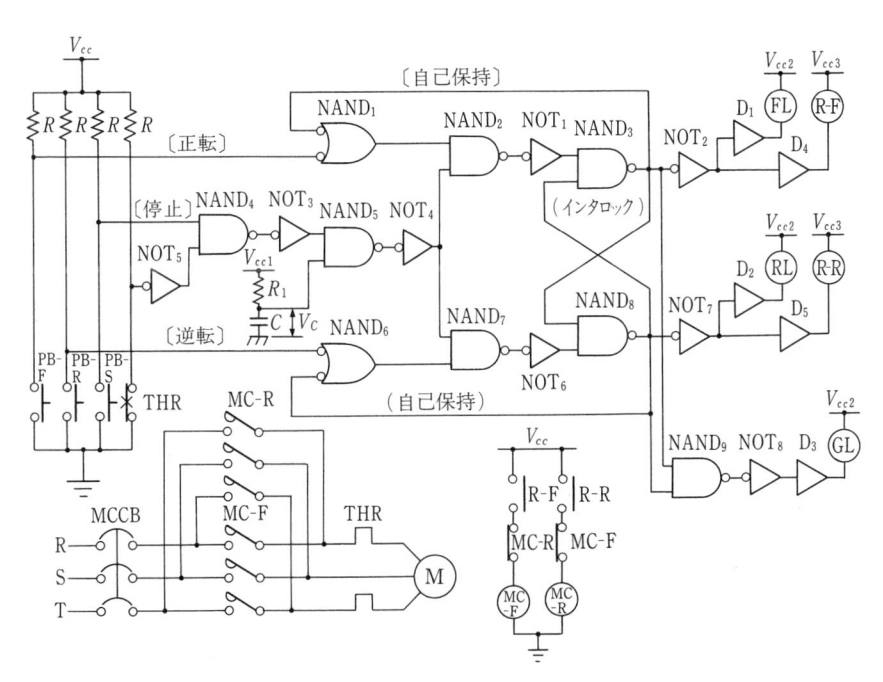

$V_{cc}$：電源
$D_1 \sim D_3$：表示灯ドライバ
$D_4, D_5$：リレードライバ
R-F, R-R：リレー
MC-F：電磁接触器（正転用）
MC-R：電磁接触器（逆転用）
FL, RL, GL：表示灯

図 8.11　無接点シーケンスによる三相誘導電動機の正転・逆転制御

〈動作説明〉

〔正転〕

（ⅰ）主回路の配線用遮断器 MCCB を投入する。停止表示灯 GL は投入す

る前から点灯している。

（ⅱ）正転押しボタンスイッチ PB-F を押すと，$NAND_1$ の入力が L になり，出力は H になる。

（ⅲ）サーマルリレー THR は動作していないので ON，したがって $NOT_5$ は入力が L で出力が H になる。停止用押しボタンスイッチ PB-S は開いているので，$NAND_4$ の 2 入力は H となり，出力は L になる。$NOT_3$ は入力が L で出力が H になる。

（ⅳ）$NAND_5$ の一方の入力は，CR の積分回路を利用する。これは制御電源 $V_{cc1}$ を投入した瞬間に $NAND_5$ の入力が H になると，PB-F を押さなくても素子の誤作動でモータが始動する危険を防ぐためである。$V_{cc1}$ 投入の瞬間はコンデンサ C の両端の電圧 $V_c$ は 0（L）で，C に蓄積される電荷の増加とともに $V_c$ が上昇して H になる。このような回路を**イニシャルリセット回路**ともいう。

（ⅴ）$NAND_5$ の 2 入力はともに H で，出力は L となり，$NOT_4$ の出力は H となる。

（ⅵ）$NAND_2$ の入力は，（ⅲ），（ⅴ）の出力がともに H であるから，出力は L となり，$NOT_1$ の出力は H となる。

（ⅶ）$NAND_6$ の入力は，逆転用 PB-R が開いているため H，もう一方は自己保持されていないから H，したがって出力は L になる。

（ⅷ）$NAND_7$ は入力が L であるから出力は H，したがって $NOT_6$ の出力は L になる。

（ⅸ）$NAND_8$ は入力が L で出力は H になる。

（ⅹ）$NAND_3$ は $NOT_1$ からの入力が H，$NAND_8$ からの入力も H であるから出力は L になる。この信号 L がフィードバックされて $NAND_1$ を自己保持する。さらに $NAND_8$ にフィードバックして逆転回路にインタロックをかける。

（ⅺ）$NOT_2$ の入力が L であるから出力は H となる。

表示灯ドライバ $D_1$ が動作して，正転表示灯 FL を点灯し，さらにリレード

ライバ $D_4$ が動作して正転用リレー R-F が動作する．R-F の動作により正転用電磁接触器 MC-F が動作し，主接点 MC-F が投入されて電動機が正回転方向に始動する．MC-F の有接点の操作回路でもインタロックをかけて安全性を高める．

 (xii) $NAND_9$ は入力が L で出力が H，$NOT_8$ の出力は L となり，停止表示灯 GL が消灯する．図 8.12 はドライバ回路の例である．以上で始動が完了する．

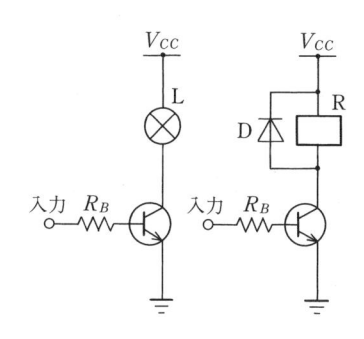

**図 8.12 ドライバ回路**

L：表示灯
$R_B$：ベース抵抗
R：リレーのコイル
D：フライホイールダイオード

〔停止〕

（ⅰ） 停止用押しボタンスイッチ PB-S を押すと，$NAND_4$ の入力が L になり出力が H となる．$NOT_3$ の出力が L になるため，$NOT_4$ の出力は L になる．

（ⅱ） $NAND_2$，$NOT_1$，$NAND_3$ をとおって，$NOT_2$ の出力が L になるため，ドライバ $D_1$，$D_4$ がリセットして，表示灯 FL を消灯し，リレー R-F をリセットする．すると，MC-F がリセットして電動機は停止する．

（ⅲ） $NAND_9$ の 2 入力がともに H になるため，停止表示灯 GL が点灯する．

〔逆転〕

（ⅰ） 逆転用押しボタンスイッチ PB-R を押すと，電動機は逆回転方向に始動し，逆転表示灯 RL が点灯し，停止表示灯 GL が消灯する．

各論理素子の一連の動作は，PB-F を押した場合とほぼ同じである．

なお，過負荷などで電動機に過電流が流れた場合は，サーマルリレーTHRが動作してただちに電動機を停止する。これは，入力回路のb接点THRが開き，NOT$_5$の入力をHにしてNAND$_4$の入力をLにし，停止用PB-Sを押した場合と同じ信号のはたらきをするからである。

## 8.2 インバータ制御

### 8.2.1 ルームエアコンとは

家庭の必需品として，洗濯機，冷蔵庫についで急速に普及したのがルームエアコンである。当初はクーラ（冷房機）として使用されていたのがエアコン（冷暖房機）へ発展し，インバータ技術の活用によって省エネ，快適性などが一段と進歩している。

ルームエアコンは，室内機と室外機があり，それぞれユニットになっている。

室内機ユニットは，室内の冷暖房を行うもので，室内熱交換器，室内ファン，温度センサ，マイコン，制御回路などで構成されている。室内熱交換器と室内ファンは，室外機より送られる冷媒と室内空気との間で熱交換をする。

室外機ユニットは，室外熱交換器，室外ファン，圧縮機，膨張弁，四方弁，マイコン，制御回路などで構成されている。室外熱交換器と室外ファンで，室内より送られる冷媒と室外空気との間の熱交換を行う。膨張弁は冷媒の流量と圧力を調整し，四方弁は冷媒の流れの方向を切換える働きをする。

### 8.2.2 ルームエアコンのインバータ制御

図 8.13 は，制御回路の例である。マイコンがすべてのデータを処理して，適切な制御信号をインバータ部と四方弁などへ送る。制御の中心となるコンプレッサのモータをインバータの出力周波数で制御する。

インバータの出力周波数は，室内温度，外気温度，室内および室外の熱交換器温度，交流負荷電流などのデータから決定される。なお，電源の許容電流の範囲で，室温をより早く目標値に近づけるように出力周波数を決定する。

（1） **保護対策** パワートランジスタの過電流保護と温度過昇防止が行わ

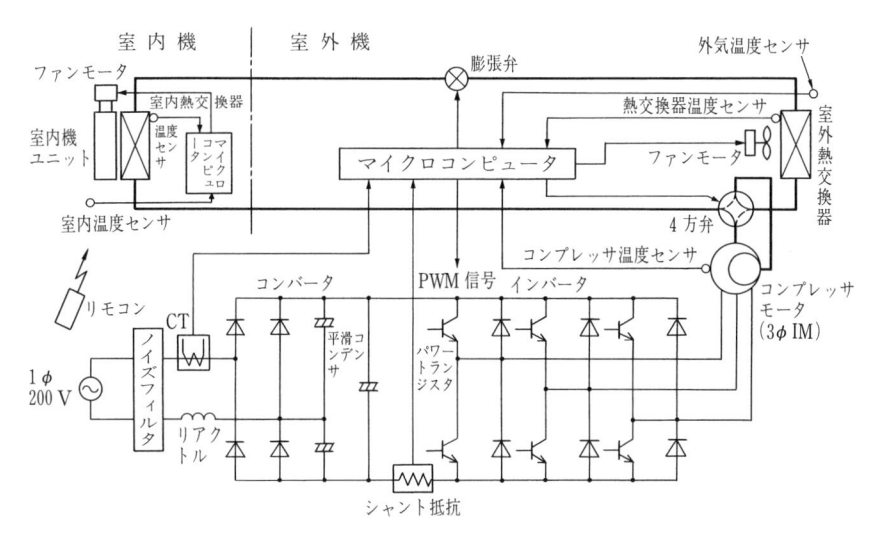

**図 8.13** ルームエアコンのインバータ制御

れている．パワートランジスタの電流の検出は，直流母線に接続したシャント抵抗より検出している．検出電流が設定値を超えるとインバータの出力を減らす．

（2）**高効率・低騒音・低振動化** コンプレッサの運転効率を高め，騒音および振動を少なくするには，モータに流れる高調波電流を抑制し，できるだけ正弦波に近い波形でモータを駆動することが必要である．波形を正弦波に近づけるには，パワートランジスタのスイッチングを適正に行い，モータ電流の脈動を抑制することが肝要である．

（3）**省エネルギー効果** インバータエアコンは，室内および室外の温度の状態に最適の周波数（モータの回転数）で運転する．運転開始直後は，最高周波数で室温を短時間に設定値に到達させ，室温が設定温度に達すると，その後は室温を一定に保つに必要な最低出力で低速運転をすることができる．したがって電力消費量を大幅に節減することができる．

誘導電動機を商用電源で直接駆動する場合は，運転電流の5～7倍の始動電流が流れ，大きな消費電力と配電線路に悪影響をおよぼすが，インバータ方式

ではON・OFF回数がきわめて少なく，商用周波数の1/3程度の低い周波数で始動させるために始動電流を小さく抑えることができ，しかも始動から運転までモータの最高効率で運転することができる．

──────── 練 習 問 題 ────────

8.1 三相誘導電動機の直入れ始動法の問題点をあげよ．
8.2 電磁接触器の2a2bとは何を表すか．
8.3 三相誘導電動機をY-△始動法で始動する場合，Y結線では，一次巻線に印加される電圧および配電線路から流入する電流（線路電流）は，△結線の場合の何倍になるか．また，Y-△始動法で留意すべき点をあげよ．
8.4 巻線形誘導電動機の特長をあげよ．
8.5 図8.6の巻線形誘導電動機の始動制御回路において，PB-ONと直列に接続されている$MC1_1$，$MC2_1$，$MC3_1$の直列回路のはたらきを簡単に説明せよ．また，タイマ$TLR_1$〜$TLR_3$のはたらきについて説明せよ．
8.6 図8.8の三相誘導電動機の可逆運転制御回路において，電磁接触器MC-FとMC-Rが同時に動作すると，どのようなことになるか．
8.7 1台の三相誘導電動機を2個所から操作できる制御回路をつくれ．

# 9 プログラマブルコントローラによる制御

プログラマブルコントローラ（PC）の概要については，すでに 1.2.1 項および 7 章で述べたので，ここではシャッタの開閉制御および交通信号機の制御を例に PC による制御の実際について，具体例をあげて解説する。

## 9.1 シャッタの開閉制御

（1）**構成** 図 9.1(a)は，ガレージのシャッタを開閉する装置の配置図である。シャッタは三相誘導電動機で巻上げ，巻下げを行う。入口に光電スイッチを設置し，自動車が光線を遮断するとシャッタが自動的に開くようになっている。また，入口の押しボタンスイッチ PB-U を押して開くこともできる。シャッタの全開，全閉はリミットスイッチ $LS_1$，$LS_2$ で検出する。シャッタが開いているときは緑色表示灯，閉じているときと動作中は赤色表示灯が点灯する。

（2）**回路の動作** 図(b)の回路図は，三相誘導電動機の正転・逆転制御の応用である。

（3）**入出力機器割付** 図 9.1(c)のように，X 000 から順に割付ける。

（4）**ラダー図** リレーシーケンス図にもとづいて，ラダー図を作成するが，PC のラダー図の作成にはいろいろな制約がある。リレーシーケンス図をそのままラダー図に書換えたのが図(c)-(1)である。図(1)では，分岐後に接点をとおして出力させるので，特殊な命令を使わないとプログラミングができない。そこで，図(c)-(2)のように変更すると，簡単な基本命令だけでプログラミングすることができる。

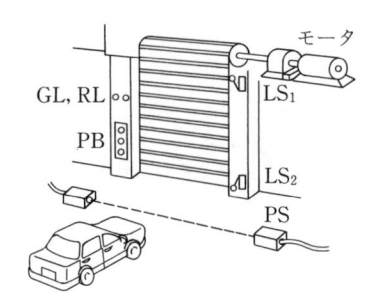

**150**　9. プログラマブルコントローラによる制御

PS：光電スイッチ（受光中 OFF）　　LS$_2$：下限検出用リミットスイッチ
PB：巻上げ，巻下げ，停止用スイッチ　GL：緑色表示灯
LS$_1$：上限検出用リミットスイッチ　　RL：赤色表示灯

（a）配置図

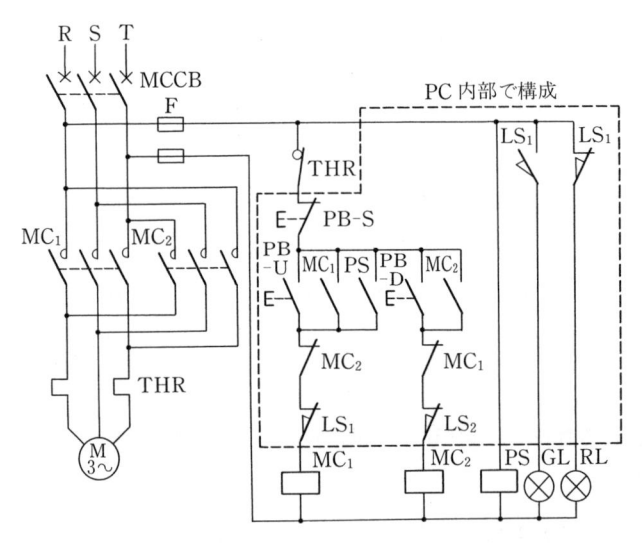

MCCB：配線用遮断器　　　　PB-D：巻下げ用スイッチ
MC$_1$：巻上げ用電磁接触器　PS：光電スイッチ
MC$_2$：巻下げ用電磁接触器　LS$_1$：上限検出用リミットスイッチ
THR：サーマルリレー　　　　LS$_2$：下限検出用リミットスイッチ
PB-S：停止用スイッチ　　　　GL：入庫可表示灯
PB-U：巻上げ用スイッチ　　　RL：入庫不可表示灯

（b）リレーシーケンス図

図 9.1　シャッタ開閉制御

9.1 シャッタの開閉制御

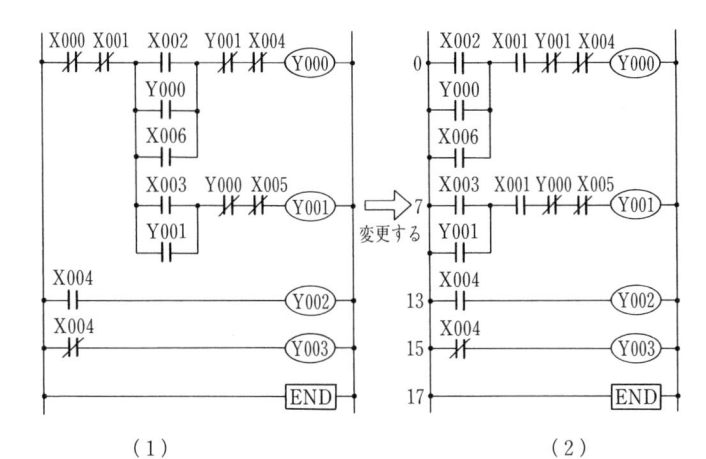

(1) / (2) 変更する

```
入力  X000：サーマルリレー（THR）
      X001：停止用スイッチ（PB-S）
      X002：巻上げ用スイッチ（PB-U）
      X003：巻下げ用スイッチ（PB-D）
      X004：上限検出用リミットスイッチ（$LS_1$）
      X005：下限検出用リミットスイッチ（$LS_2$）
      X006：光電スイッチ（PS）

出力  Y000：巻上げ用電磁接触器（$MC_1$）
      Y001：巻下げ用電磁接触器（$MC_2$）
      Y002：入庫可表示ランプ（GL）
      Y003：入庫不可表示ランプ（RL）
```

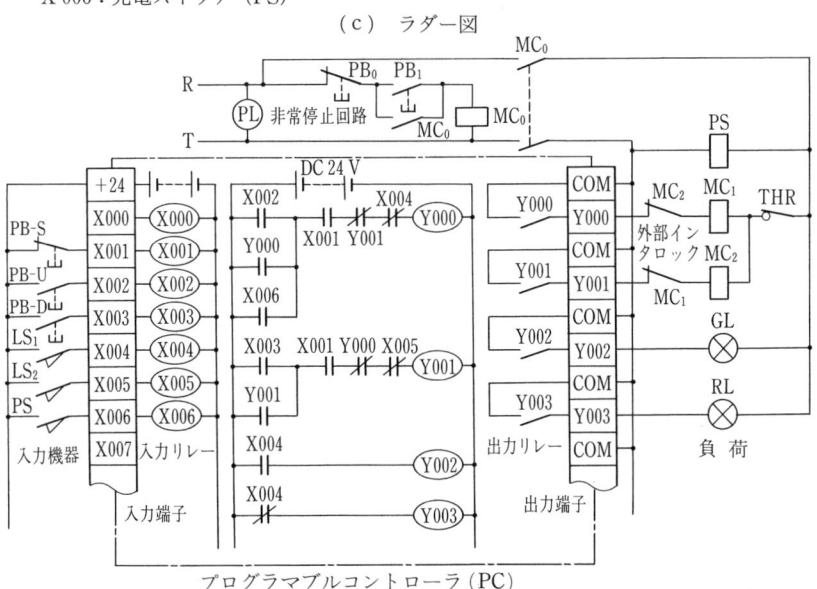

(c) ラダー図

(d) PC の接続図

図 9.1 つづき

図(d) PC の接続図において PB-S は b 接点であるから，入力リレー X 001 は常時 ON，したがってラダー図では a 接点を使用する。PB-S を押すと，入力リレー X 001 が OFF になって，ラダー図の a 接点 X 001 を開き，出力 Y 000 を OFF にする。図(c)-(1) は図 9.1(b) と対応させるため X 001 を B 接点にした。

（5） **プログラミング**　　ラダー図より簡単に**表**9.1 のプログラム（コーディング表）を作ることができる（7.2.2 シーケンスプログラミング参照）。

表 9.1　シャッタ開閉制御のプログラム

| ステップ | 命 | 令 | ステップ | 命 | 令 |
|---|---|---|---|---|---|
| 0 | LD | X 002 | 11 | ANI | X 005 |
| 1 | OR | Y 000 | 12 | OUT | Y 001 |
| 2 | OR | X 006 | 13 | LD | X 004 |
| 3 | AND | X 001 | 14 | OUT | Y 002 |
| 4 | ANI | Y 001 | 15 | LDI | X 004 |
| 5 | ANI | X 004 | 16 | OUT | Y 003 |
| 6 | OUT | Y 000 | 17 | END | |
| 7 | LD | X 003 | | | |
| 8 | OR | Y 001 | | | |
| 9 | AND | X 001 | | | |
| 10 | ANI | Y 000 | | | |

（6）　**保護対策**　　PC の入出力回路にはノイズやサージ電圧の対策がなされているが，誤動作や暴走することもありうるので，図 9.1(d) のように外部回路でいろいろな保護対策が必要である。

（ⅰ）　非常停止回路を設ける。停止ボタン PB-S で停止しない場合は，非常停止ボタン $PB_0$ を押して駆動回路を開放して，モータ駆動用 $MC_1$，$MC_2$ をともに OFF にする。

（ⅱ）　インタロック回路を設ける。PC 内部にインタロック回路が組み込まれているが，外部でもインタロックをかける。

（ⅲ）　サーマルリレーを接続する。PC の内部回路に組み込むことが可能であるが，PC が暴走すると保護機能を失うので，サーマルリレー THR は外部

回路へ接続する。

## 9.2 コンデンサモータの繰返し正転・逆転制御

コンデンサモータの正転・逆転を自動的に繰返す制御は全自動洗濯機などに利用されている。前に述べたコンデンサモータの正転・逆転制御にフリッカ回路を応用して繰返しを行うようにした制御回路である。

**図 9.2**(a)のリレーシーケンス図に基づいて図(b)のラダー図を作成し，入出力機器を割付けて**表 9.2**のプログラムをつくる。

〈動作説明〉

**（a） リレーシーケンス図**　　前に解説したモータの制御と共通するので動作説明を省略する。(b)ラダー図の動作参照。

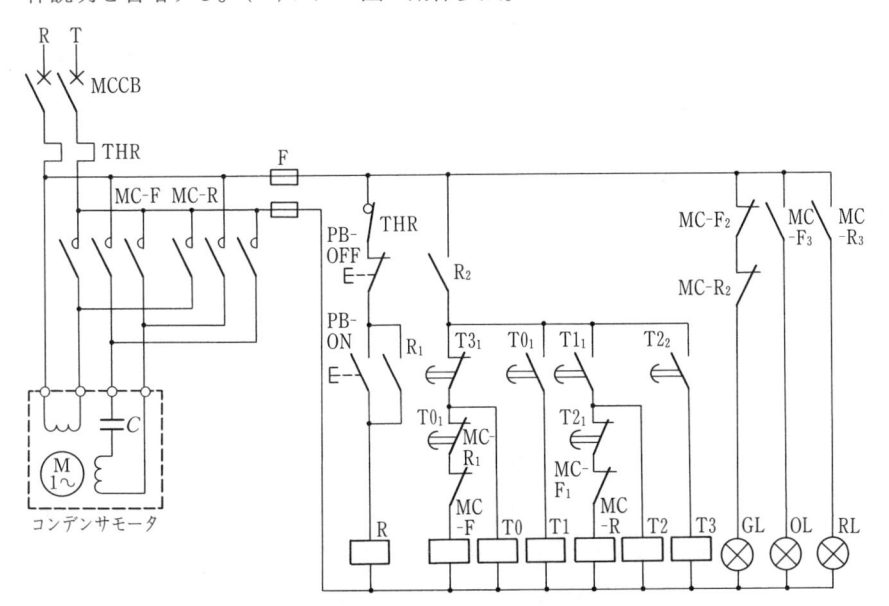

MC-F：正転用電磁接触器　　　T0〜T3：タイマ
MC-R：逆転用電磁接触器　　　GL：停止表示灯
R：補助リレー　　　　　　　　OL：正転表示灯
　　　　　　　　　　　　　　　RL：逆転表示灯

（a）　リレーシーケンス図
**図 9.2**　コンデンサモータの繰返し正転・逆転制御

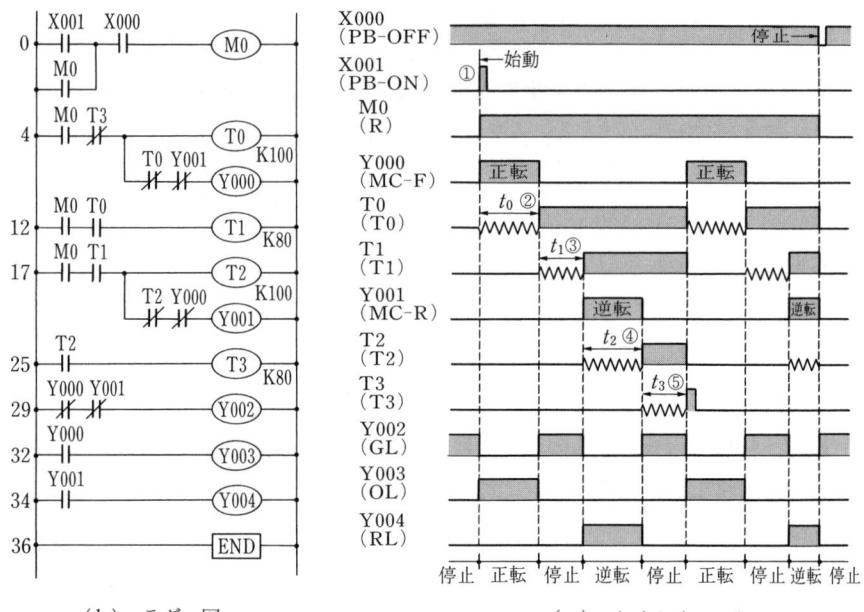

**154**　9. プログラマブルコントローラによる制御

```
 0 ─┤X001├─┤/X000├─────────(M0)─
    └─┤M0├─┘

 4 ─┤M0├─┤/T3├─────────────(T0) K100
    └─┤T0├─┤/Y001├──(Y000)─┘

12 ─┤M0├─┤T0├──────────────(T1) K80

17 ─┤M0├─┤T1├──────────────(T2) K100
    └─┤T2├─┤/Y000├──(Y001)─┘

25 ─┤T2├───────────────────(T3) K80

29 ─┤/Y000├─┤/Y001├────────(Y002)

32 ─┤Y000├─────────────────(Y003)

34 ─┤Y001├─────────────────(Y004)

36 ─[END]
```

（b）ラダー図　　　　　　　　　　　　（c）タイムチャート

入力
X 000：停止ボタンスイッチ（PB-OFF）
X 001：始動ボタンスイッチ（PB-ON）

出力
Y 000：モータ正転出力（MC-F）
Y 001：モータ逆転出力（MC-R）
Y 002：停止表示ランプ（GL）
Y 003：正転表示ランプ（OL）
Y 004：逆転表示ランプ（RL）

図 9.2　つづき

### （b）ラダー図の動作

（i）　始動スイッチ X 001（PB-ON）を押すと補助リレー M 0 が動作して自己保持する。M 0 の動作で，正転用 Y 000 が出力してモータは正回転方向へ始動する。同時にタイマ T 0 が始動して正回転の時間を計時する。

停止スイッチ X 000（PB-OFF）は，外部入力の b 接点であるから入力リレーが動作してラダー図の a 接点は閉じている。

Y 000 の動作で，Y 002 が OFF になって停止表示灯 GL が消灯し，Y 003 が出力して正転表示灯 OL を点灯する。

（ii）　タイマ T 0 がタイムアップすると b 接点 T 0 が開いて Y 000 を OFF

## 9.2 コンデンサモータの繰返し正転・逆転制御

表9.2 コンデンサモータの制御

| ステップ | 命令 | | ステップ | 命令 | |
|---|---|---|---|---|---|
| 0 | LD | X 001 | 19 | OUT | T 2 |
| 1 | OR | M 0 | | SP | K 100 |
| 2 | AND | X 000 | 22 | ANI | T 2 |
| 3 | OUT | M 0 | 23 | ANI | Y 000 |
| 4 | LD | M 0 | 24 | OUT | Y 001 |
| 5 | ANI | T 3 | 25 | LD | T 2 |
| 6 | OUT | T 0 | 26 | OUT | T 3 |
| | SP | K 100 | | SP | K 80 |
| 9 | ANI | T 0 | 29 | LDI | Y 000 |
| 10 | ANI | Y 001 | 30 | ANI | Y 001 |
| 11 | OUT | Y 000 | 31 | OUT | Y 002 |
| 12 | LD | M 0 | 32 | LD | Y 000 |
| 13 | AND | T 0 | 33 | OUT | Y 003 |
| 14 | OUT | T 1 | 34 | LD | Y 001 |
| | SP | K 80 | 35 | OUT | Y 004 |
| 17 | LD | M 0 | 36 | END | |
| 18 | AND | T 1 | | | |

にしてモータを停止する．同時にタイマT1が始動して停止時間を計時する．

Y 000がOFFで，Y 002が出力して停止表示灯GLが点灯し，OLは消灯する．

（iii） タイマT1がタイムアップすると，逆転用Y 001が出力してモータを逆転方向へ始動する．同時にタイマT2が始動して逆転時間を決める．

GLが消灯し，Y 004の出力で逆転表示灯RLを点灯する．

（iv） タイマT2がタイムアップすると，b接点T2が開きY 001の出力をOFFにして，モータを停止する．同時にタイマT3が始動する．

RLが消灯し，再びGLが点灯する．

（v） タイマT3のタイムアップで，4列のb接点T3を開き，T0→T1→T2→T3の順にリセット（ほとんど同時）し，初期の状態にもどる．タイマT3のリセットで，4列のb接点T3が閉じると(i)と同じ状態となり，

以下同じサイクルを繰返す。

表9.2にプログラムを，図(c)にタイムチャートを示す。

## 9.3 交通信号機の制御

交通信号機にはつぎのような種類がある。

**(1) 単独式信号機**

**(a) 定周期信号機** サイクルとスプリットを手動操作で設定する。スプリットとは，青時間の1サイクルに対する比率のことである。

**(b) 全感応式信号機** 交差点へ流入する車両検出器を設置し，時々刻々の交通量の変化に応じて青時間を制御する。

**(c) 半感応式信号機** 幹線道路と交通量の少ない道路の交差点に設置するもので，後者に検出器を設置し，道路に車両が検出されない場合は，幹線の青は持続する。

**(2) 系統式信号機**

**(a) 系統式定周期信号機** 隣り合う交差点の定周期信号機を系統化したものである。

**(b) 自動感応式系統信号機** 幹線道路などの交通量を測定し，交通量に対応したプログラムを選択して最適な交通量の制御を行う。

ここでは，普通の交差点および横断歩道に設置されている交通信号機について考察する。

### 9.3.1 交通信号機の制御

図9.3(a)の配置図において，南北方向の信号機を青（B1），黄（Y1），赤（R1）とし，東西方向を青（B2），黄（Y2），赤（R2）とする。制御内容の例を図(b)に示す。南北方向，東西方向がともに赤の時間帯をつくる。交通量や道路幅に対応したプログラムより各時間帯を決める。

プログラムに従って図(c)のタイムチャートを作成する。

制御内容を図(c)のタイムチャートで説明する。

9.3 交通信号機の制御　157

南北方向
B1：青信号
Y1：黄信号
R1：赤信号

東西方向
B2：青信号
Y2：黄信号
R2：赤信号

（a）配置図

（b）制御内容

（c）タイムチャート

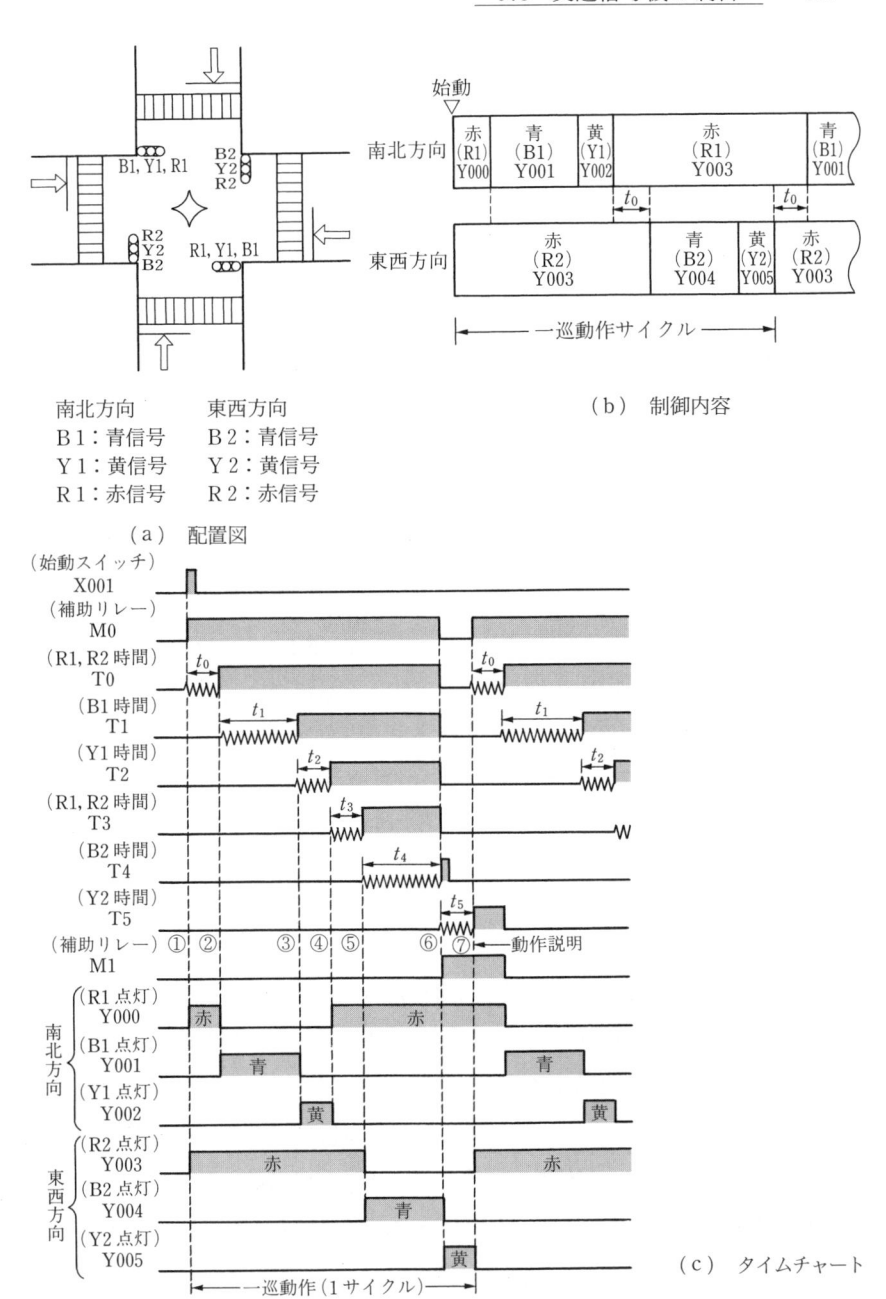

図 9.3　交通信号機の制御

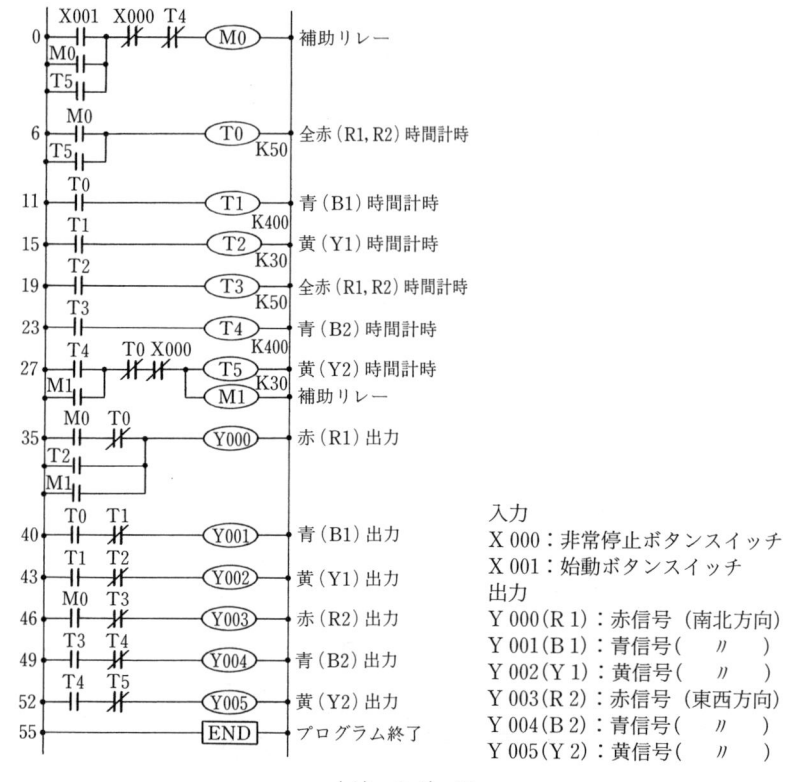

```
       X001 X000  T4
    0 ──┤├──┤/├──┤/├──(M0)      補助リレー
       ├─┤├─┬─┤├─┤
        M0  │ T5
       ┌─┤├─┘
    6   M0                      
      ──┤├────────────(T0)      全赤(R1,R2)時間計時
       ┌─┤├─              K50
        T5
        T0
   11 ──┤├────────────(T1)      青(B1)時間計時
                          K400
        T1
   15 ──┤├────────────(T2)      黄(Y1)時間計時
                          K30
        T2
   19 ──┤├────────────(T3)      全赤(R1,R2)時間計時
                          K50
        T3
   23 ──┤├────────────(T4)      青(B2)時間計時
                          K400
        T4  T0 X000
   27 ──┤├──┤/├──┤/├───(T5)     黄(Y2)時間計時
       ┌─┤├──────────(M1) K30
        M1                      補助リレー
        M0  T0
   35 ──┤├──┤/├────────(Y000)   赤(R1)出力
       ┌─┤├─
        T2
       └─┤├─
        M1
        T0  T1
   40 ──┤├──┤/├────────(Y001)   青(B1)出力
        T1  T2
   43 ──┤├──┤/├────────(Y002)   黄(Y1)出力
        M0  T3
   46 ──┤├──┤/├────────(Y003)   赤(R2)出力
        T3  T4
   49 ──┤├──┤/├────────(Y004)   青(B2)出力
        T4  T5
   52 ──┤├──┤/├────────(Y005)   黄(Y2)出力
   55 ─────────────────[END]    プログラム終了
```

入力
X 000：非常停止ボタンスイッチ
X 001：始動ボタンスイッチ
出力
Y 000(R 1)：赤信号（南北方向）
Y 001(B 1)：青信号（ 〃 ）
Y 002(Y 1)：黄信号（ 〃 ）
Y 003(R 2)：赤信号（東西方向）
Y 004(B 2)：青信号（ 〃 ）
Y 005(Y 2)：黄信号（ 〃 ）

(d) ラダー図

図9.3 つづき

〈動作説明〉

（ⅰ） 始動ボタンスイッチを押すと補助リレーＭ０が動作して，東西，南北両方向の赤信号Ｒ１，Ｒ２が点灯する．同時にタイマＴ０が始動して，Ｒ１，Ｒ２の点灯時間を計時する．

（ⅱ） Ｔ０がタイムアップすると南北方向の赤信号Ｒ１を青信号Ｂ１に切換える．同時にタイマＴ１が始動して青信号Ｂ１の点灯時間を計時する．

（ⅲ） Ｔ１がタイムアップすると南北方向の青信号Ｂ１が黄信号Ｙ１に変わり，タイマＴ２がＹ１の点灯時間を計時する．

（ⅳ） Ｔ２のタイムアップで，南北方向は黄信号から赤信号Ｒ１に変わる．

## 9.3 交通信号機の制御

ここで，東西，南北両方向とも赤信号になる．その時間をタイマT3が計時する．

（v） T3のタイムアップで，東西方向が赤信号R2から青信号B2に変わる．タイマT4が始動する．

（vi） T4のタイムアップで補助リレーM0をリセットする．すると，タイマT0～T4までドミノ倒しのように順にリセットする．T4はタイムアップと同時にリセットされる．一連のリセットは，つぎの一巡動作を容易にするためである．また，T4のタイムアップでタイマT5を始動し，さらに補助リレーM1を動作させる．M1は，赤信号R1をつぎのサイクルまで動作を続けさせる．東西方向の信号が青信号B2から黄信号Y2に変わる．

（vii） タイマT5がタイムアップすると東西方向は黄信号から赤信号R2に変わる．同時に補助リレーM0が動作してつぎのサイクルが始まる．（i）

表9.3 交通信号機のプログラム

| ステップ | 命令 | | ステップ | 命令 | | ステップ | 命令 | |
|---|---|---|---|---|---|---|---|---|
| 0 | LD | X 001 | 20 | OUT | T 3 | 40 | LD | T 0 |
| 1 | OR | M 0 | | SP | K 50 | 41 | ANI | T 1 |
| 2 | OR | T 5 | 23 | LD | T 3 | 42 | OUT | Y 001 |
| 3 | ANI | X 000 | 24 | OUT | T 4 | 43 | LD | T 1 |
| 4 | ANI | T 4 | | SP | K 400 | 44 | ANI | T 2 |
| 5 | OUT | M 0 | 27 | LD | T 4 | 45 | OUT | Y 002 |
| 6 | LD | M 0 | 28 | OR | M 1 | 46 | LD | M 0 |
| 7 | OR | T 5 | 29 | ANI | T 0 | 47 | ANI | T 3 |
| 8 | OUT | T 0 | 30 | ANI | X 000 | 48 | OUT | Y 003 |
| | SP | K 50 | 31 | OUT | T 5 | 49 | LD | T 3 |
| 11 | LD | T 0 | | SP | K 30 | 50 | ANI | T 4 |
| 12 | OUT | T 1 | 34 | OUT | M 1 | 51 | OUT | Y 004 |
| | SP | K 400 | 35 | LD | M 0 | 52 | LD | T 4 |
| 15 | LD | T 1 | 36 | ANI | T 0 | 53 | ANI | T 5 |
| 16 | OUT | T 2 | 37 | OR | T 2 | 54 | OUT | Y 005 |
| | SP | K 30 | 38 | OR | M 1 | 55 | END | |
| 19 | LD | T 2 | 39 | OUT | Y 0000 | | | |

**160** 9. プログラマブルコントローラによる制御

PB1，PB2：押しボタンスイッチ
B1：青信号（車道）
Y1：黄信号（車道）
R1：赤信号（車道）
B2：青信号（横断歩道）
R2：赤信号（横断歩道）

（a） 配置図

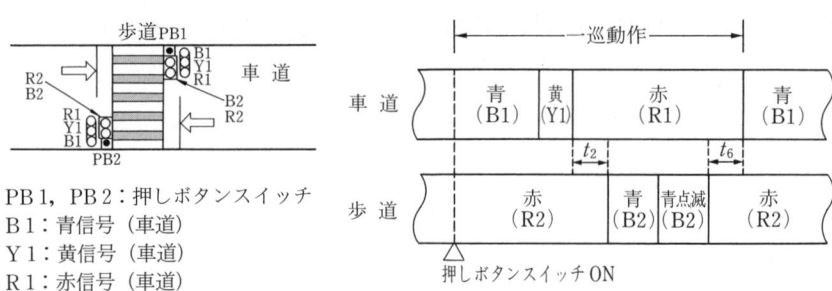

（b） 制御内容

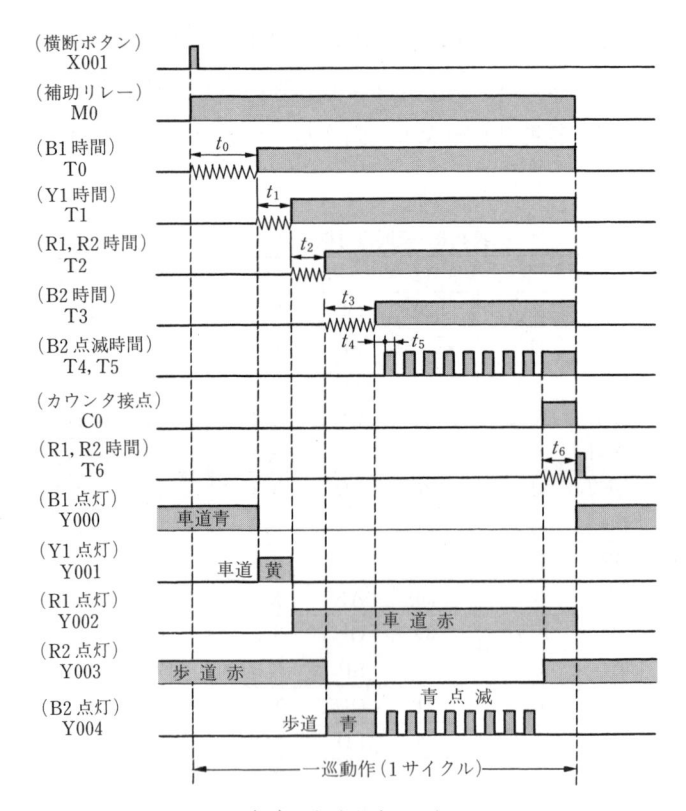

（c） タイムチャート

図 9.4 横断歩道信号機の制御

から(vii)までで動作が一巡したことになる。

タイムチャートをもとにラダー図を作成すると図(d)のようになる。ラダー図をコーディングしたのが表9.3のプログラムである。

### 9.3.2 押しボタン式横断歩道信号機の制御

図9.4(a)の横断歩道を想定し，図(b)の制御内容を構成する。

図(c)にタイムチャートを示す。9.3.1項の動作説明にならって，タイムチャートより制御動作を考察してみよう。

---------- 練 習 問 題 ----------

9.1 図9.5は，ボール盤で穴空け作業をする制御のラダー図である。作業内容は，運転開始ボタンスイッチでドリルを回転させ，下降開始ボタンスイッチでドリルを下降させて穴空けを行う。ドリルが下降端リミットスイッチの位置まで下降すると下降動作を停止し，2秒後にドリルを上昇させる。上昇端リミットスイッチの位置まで上昇すると上昇動作を停止する。停止ボタンスイッチでドリルの回転を止める。

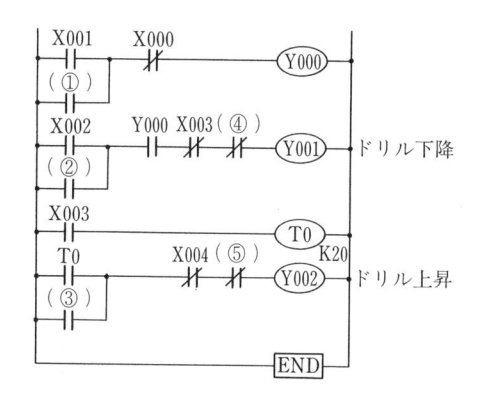

図9.5

以上の作業内容を想定してつぎの問に答えよ。
（1） ラダー図の記号を使って入出力機器の割付けをせよ。

　　　　入力　停止ボタンスイッチ　　　（　）
　　　　　　　運転開始ボタンスイッチ　（　）
　　　　　　　下降開始ボタンスイッチ　（　）
　　　　　　　下降端リミットスイッチ　（　）

　　　　　　　　　上昇端リミットスイッチ（　　）
　　　　　　出力　ドリル回転出力（　　）
　　　　　　　　　ドリル上昇出力（　　）
　　　　　　　　　ドリル下降出力（　　）
（2）ラダー図の（　）内に入出力機器の記号を入れよ。
　　①（　）　②（　）　③（　）　④（　）　⑤（　）
（3）①〜③および④〜⑤の回路の名称をしるせ。
　　①〜③（　　　　）　④〜⑤（　　　　　）
（4）ラダー図をコーディングしてプログラムをつくれ。

**9.2** 横断歩道信号機の制御で図9.4(c)の中の点滅回路（フリッカ回路）の動作を9.3.1項の動作説明にならって，説明せよ。

# 10 エレベータの制御

エレベータは，高層化する建物の縦の交通機関としてビルには不可欠の付帯設備で，住宅にも設置されるようになった。ここでは，エレベータの基本的な構成とその制御回路について解説する。

## 10.1 エレベータの構成と制御回路

### 10.1.1 エレベータの構成

エレベータは，かご（cage）およびかごが通る昇降路と昇降路上部に設けられた機械室で構成されている。

機械室には，かごを昇降させる巻上機，かごの異常速度を検出する調速機（speed governor），かごの動きを制御する制御盤および動力電源の受電盤などが設置されている。

昇降路には，かご，つり合いおもり（balance weight），その両方をつなぐワイヤロープ，かごやつり合いおもりをガイドするガイドレール，かごと制御盤をつなぐ制御ケーブル，かごの位置を検出するセンサなどが設置されている。

巻上機は，ギアレス巻上機とギアド巻上機がある。モータの駆動トルクを，ロープを巻きつけるロープシーブに伝達する場合，その間に減速歯車（ウォーム歯車またはヘリカル歯車）を設けて減速させるのがギアド式で，減速機を設けないで直結するのがギアレス式である。高速，超高速エレベータはギアレス巻上機，中低速エレベータにはギアド巻上機が使用されている。なお，ギアド式の歯車は，ウォーム歯車からトルクの伝達効率がよいヘリカル歯車に移行し

10. エレベータの制御

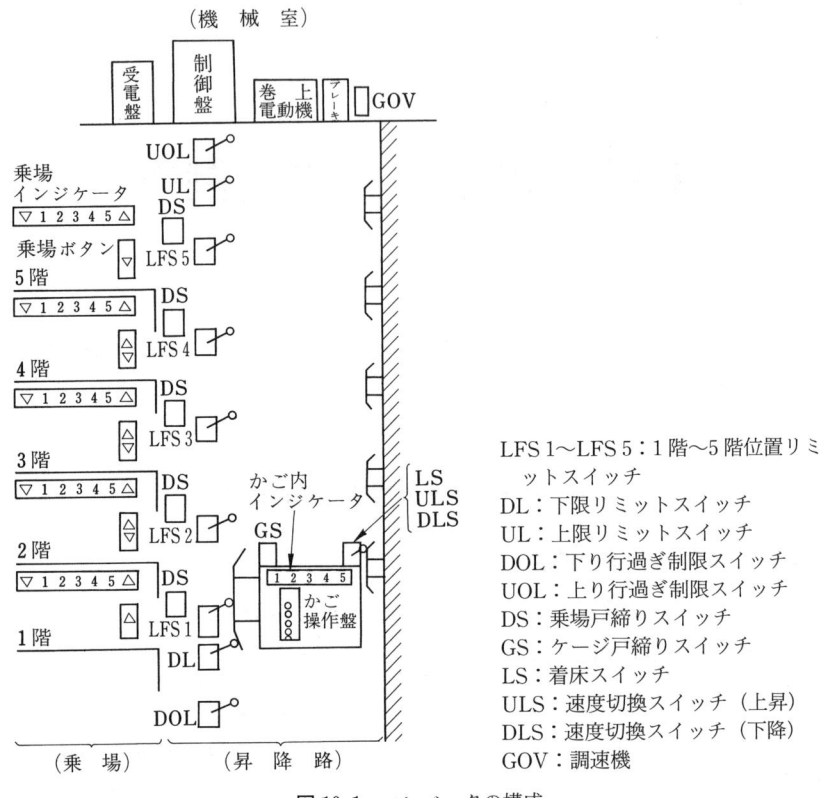

**図 10.1 エレベータの構成**

LFS 1〜LFS 5：1階〜5階位置リミットスイッチ
DL：下限リミットスイッチ
UL：上限リミットスイッチ
DOL：下り行過ぎ制限スイッチ
UOL：上り行過ぎ制限スイッチ
DS：乗場戸締りスイッチ
GS：ケージ戸締りスイッチ
LS：着床スイッチ
ULS：速度切換スイッチ（上昇）
DLS：速度切換スイッチ（下降）
GOV：調速機

ている。図 10.1 にエレベータの基本的な構成を示す。

なお，エレベータの昇降速度の標準はつぎのように区分されている。

（ⅰ） 低速度エレベータ（15，30，45 m/min）

（ⅱ） 中速度エレベータ（60，90，105 m/min）

（ⅲ） 高速度エレベータ（120，150，180〜330 m/min）

（ⅳ） 超高速度エレベータ（360 m/min 以上）

ホームエレベータは，12 m/min 以下と規定されている。横浜で 750 m/min のエレベータが運転されている。

駆動方式は，個人住宅用からハイテク用までほとんどが **VVVF インバータ**

方式が採用されている。

### 10.1.2 制御回路の構成

エレベータの基本的な制御回路の構成を図10.2に示す。

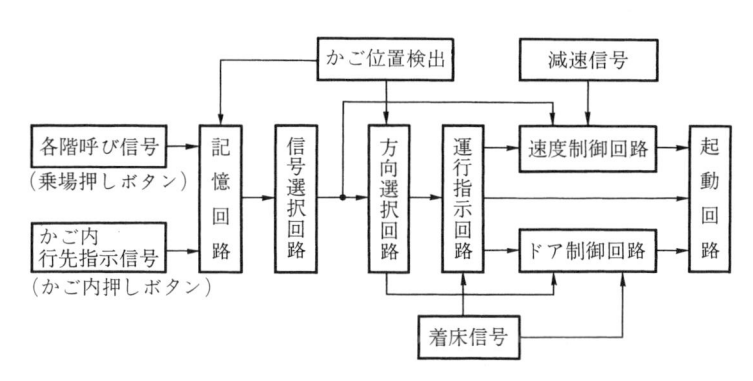

図10.2 エレベータ制御回路の構成

（1） **記憶回路**　乗場あるいはかご内の行先ボタンが押されたことを記憶しておく回路である。これはエレベータの位置や運行方向に関係なく，どこの押しボタンでも押されるとすぐ記憶する。

（2） **信号選択回路**　エレベータの位置と運行方向によって，停止すべき階の信号だけを記憶回路より選択する回路である。

（3） **方向選択回路**　信号選択回路の出力信号を，エレベータの位置と比較しながら上昇，下降のいずれかに振り分ける回路である。

（4） **運行指示回路**　方向選択回路で決定した信号と着床信号によって上昇，下降，停止の指示をする回路である。

（5） **速度制御回路**　エレベータが停止すべき階に近づくと，各階にある減速レベルの信号と，信号選択回路の出力信号で，自動的に巻上機を駆動している電動機を減速する回路である。

（6） **ドア制御回路**　エレベータが着床すると自動的にドアを開け，一定時間後に閉じる操作を制御する回路である。

## 10.2 エレベータの制御

### 10.2.1 リレーシーケンスによるエレベータの制御

エレベータの制御もほかの制御と同様に，無接点化，コンピュータ制御に移行している。しかし，リレーシーケンスは理解しやすいので，最初に主だった制御回路をリレーシーケンスで説明する。

**（1） 記憶回路** 各階の乗場の呼びと，かご内の行先指示を全部記憶（登

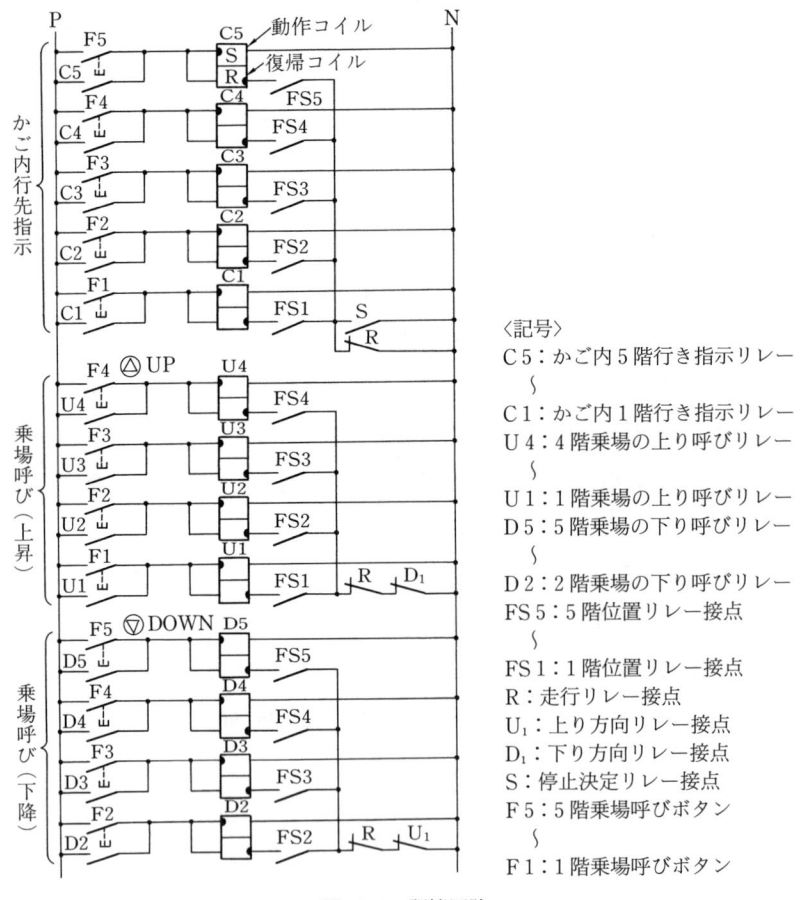

〈記号〉
C5：かご内5階行き指示リレー
〜
C1：かご内1階行き指示リレー
U4：4階乗場の上り呼びリレー
〜
U1：1階乗場の上り呼びリレー
D5：5階乗場の下り呼びリレー
〜
D2：2階乗場の下り呼びリレー
FS5：5階位置リレー接点
〜
FS1：1階位置リレー接点
R：走行リレー接点
$U_1$：上り方向リレー接点
$D_1$：下り方向リレー接点
S：停止決定リレー接点
F5：5階乗場呼びボタン
〜
F1：1階乗場呼びボタン

図 10.3　記憶回路

録）し，停止した階の記憶をクリアしていく回路である。**図10.3** は 5 階用の記憶回路の一例である。記憶素子は保持形リレーで**キープリレー**（keep relay）ともいう。これは，動作コイルと復帰コイルを備え，一度動作すると入力信号を取り去っても復帰信号が入るまで入力信号を保持（記憶）するリレーである。

**図10.4** は，つぎの（ⅰ）および（ⅱ）の各場合の回路の動作例である。

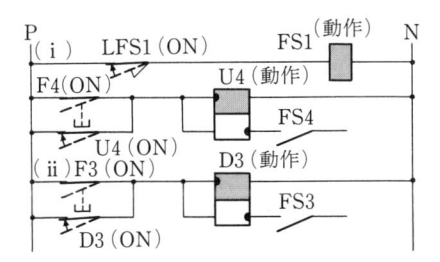

**図10.4 記憶回路の動作例**

（ⅰ）エレベータが 1 階で待機しているとき，4 階の乗場で上昇の呼びボタン F 4 を押した場合

（ⅱ）エレベータが 4 階乗場の呼びにこたえて 2 階付近を上昇中に 3 階乗場で下降呼びボタン F 3 を押した場合

**（2）信号選択，方向選択回路** 各階の乗場の呼び信号（上昇，下降）とかご内の行先指示信号の中から最優先する信号を選択して上昇，下降のいずれかを決定する回路で，**図10.5** に例を示す。

例えば，つぎの場合の回路の動作は，**図10.6** のようになる。

（ⅰ）記憶回路の例（ⅰ）において，4 階の上昇呼びが記憶された場合

**（3）運行指示回路** 方向選択回路で上昇または下降の方向が決定すると，ドアのしまり方などすべての安全を確認して，巻上電動機の始動回路へ上昇または下降の始動信号を送る制御回路である。**図10.7** は運行指示回路の例である。

つぎの動作例を**図10.8** に示す。

（ⅰ）エレベータが 1 階にいて，4 階の呼びにこたえて上昇信号を選択し，ド

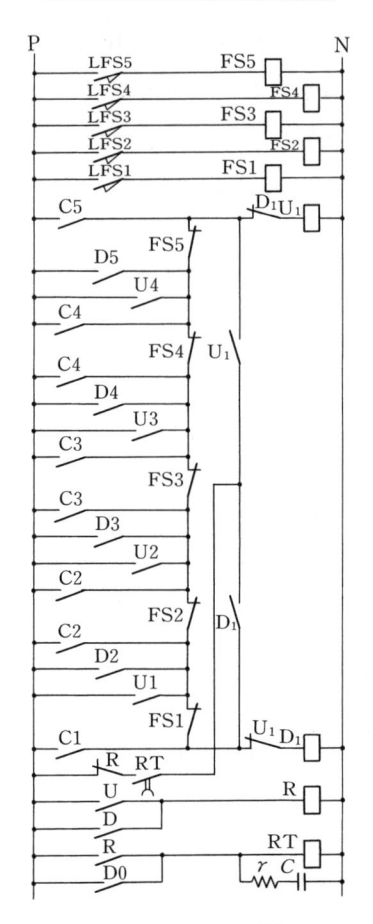

**図10.5** 方向選択回路

〈記号〉
LFS5：5階位置リミットスイッチ
〜
LFS1：1階位置リミットスイッチ
$U_1$：上り方向リレー
$D_1$：下り方向リレー
R：走行リレー
RT：走行限時リレー

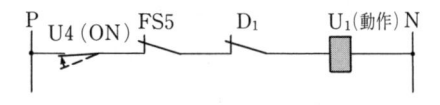

**図10.6** 方向選択回路の動作例

アをしめて上昇を始めるまでの動作

### 10.2.2 無接点シーケンスによるエレベータの制御

制御回路のすべてを無接点化するのではなく，一般に記憶回路，信号選択回路および方向選択回路が無接点化されている．

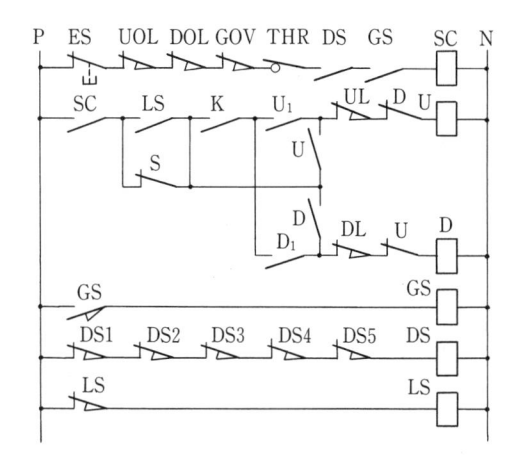

UOL：上り行過ぎ制限スイッチ
DOL：下り行過ぎ制限スイッチ
GOV：速度制限スイッチ
THR：サーマルリレー
UL：上限リミットスイッチ
DL：下限リミットスイッチ
ES：非常停止スイッチ
DS：乗場戸締りリレー
GS：かご戸締りリレー
LS：着床リレー
SC：安全確認リレー
S：停止決定リレー接点
K：ドア管制リレー接点
U：上昇用電磁接触器
D：下降用電磁接触器

**図 10.7　運行指示回路**

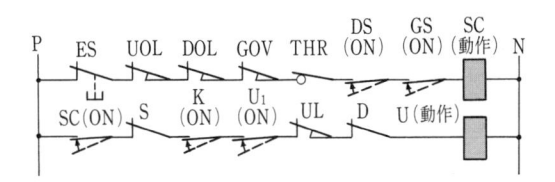

**図 10.8　運行指示回路の動作例**

（1）**記憶回路と信号選択回路**　図 10.9 は 3 階と 4 階の記憶回路と信号選択回路の例である。これと同じ回路が階数に応じて必要である。階ごとの回路がまったく同じであるため、ユニット化に便利である。

〈動作説明〉

（a）エレベータが 1 階で待機しているとき、4 階乗場で上昇呼びボタン（PB-U 4）を押した場合

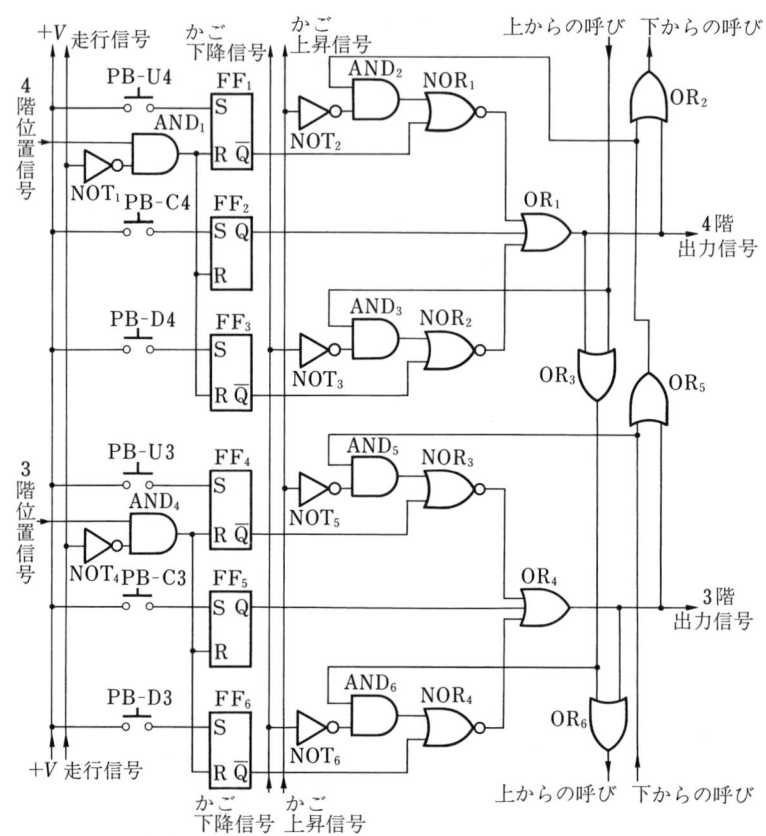

**図10.9** 記憶回路と信号選択回路

PB-U：乗場上り呼び，PB-D：乗場下り呼び，PB-C：かご内行先指示

(i) 図10.9において，呼び信号がフリップフロップ$FF_1$に記憶される。

(ii) $FF_1$の出力"0"が$NOR_1$を通って"1"になり，$OR_1$を通って，4階の信号選択回路の出力となって出ていく。

(b) 例(a)によりエレベータが上昇をはじめたとき，3階の下降呼びボタン（PB-D 3）を押した場合

(c) エレベータが2階と3階の中間を上昇中に，2階の下降呼びボタンと，ケージ内の行先指示ボタン PB-C 3 (3階行指示) が同時に押された場合

図10.10に例(a)，(b)，(c)の回路の動作を示す。

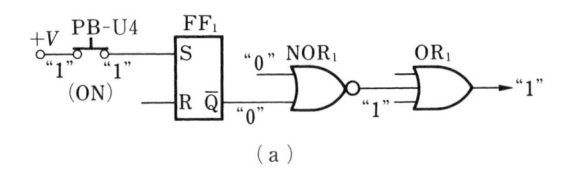

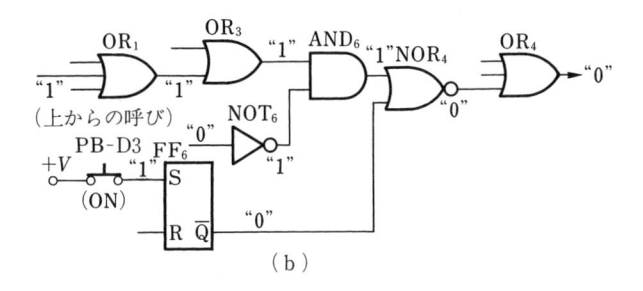

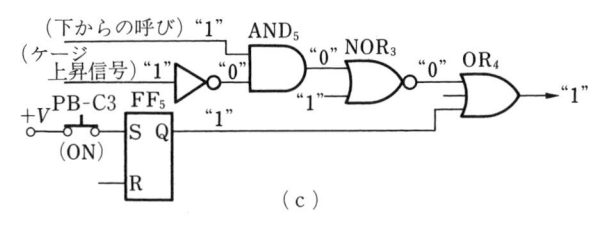

図 10.10 記憶回路と信号選択回路の動作例

**（2） 方向選択回路**　ケージの位置と呼び信号に対して，ケージを上昇または下降のどちらの方向に進行させるかは，**表 10.1** のような関係になる。したがって，ケージの位置信号と呼び信号の AND 出力がケージの進行方向を決定することになる。**図 10.11** は表をもとにして方向選択回路を構成したもので

表 10.1　方向選択表

| 呼び \ ケージ位置 | 5 | 4 | 3 | 2 | 1 |
|---|---|---|---|---|---|
| 5 | O | U | U | U | U |
| 4 | D | O | U | U | U |
| 3 | D | D | O | U | U |
| 2 | D | D | D | O | U |
| 1 | D | D | D | D | O |

U：上昇
D：下降
O：ドア開

## 10. エレベータの制御

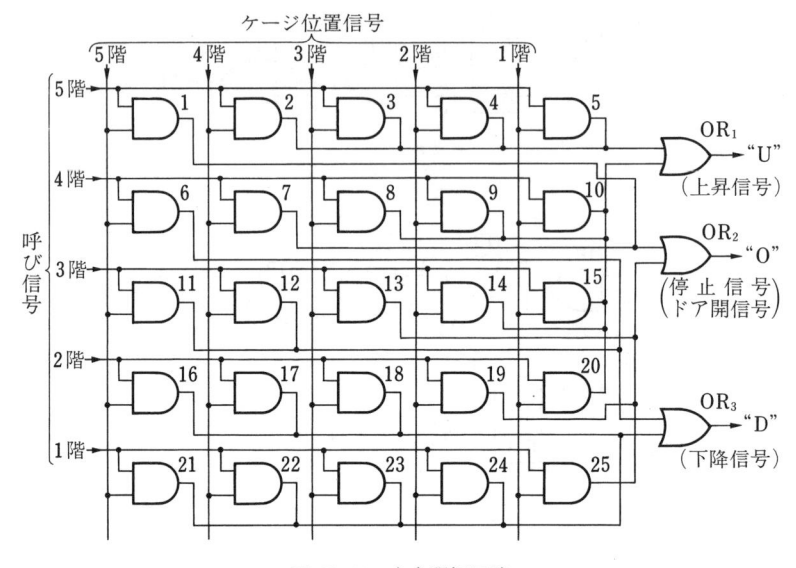

図10.11 方向選択回路

ある。

〈動作説明〉

（a） ケージが1階で待機しているとき4階乗場で上昇呼びボタン（PB-U 4）を押した場合　1階の位置信号と4階の呼び信号（信号選択回路の出力信号）より $AND_{10}$ が成立して，$OR_1$ より上昇信号 "U" が出る。

（b） 4階の呼びにこたえてケージが4階に近づいた場合 $AND_7$，$OR_2$ を通って停止信号に続いてドア開信号が出る。**図 10.12** に回路の動作を示す。

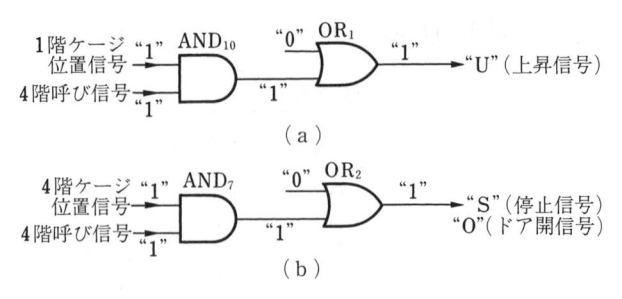

図 10.12　方向選択回路の動作例

10.2 エレベータの制御

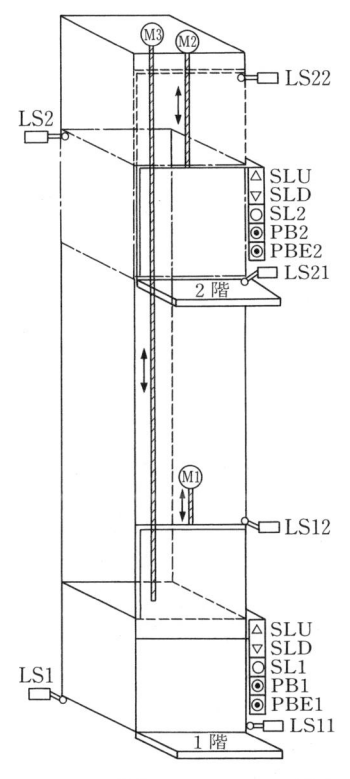

図 10.13 荷物用エレベータの構成

表 10.2 入出力機器の割付け表

| 入 力 機 器 | | | 出 力 機 器 | | |
|---|---|---|---|---|---|
| 名　称 | 記号 | 入力リレー番号 | 名　称 | 記号 | 出力リレー番号 |
| 1階非常停止ボタン S | PBE 1 | X 000 | 1階閉扉電磁接触器 | MC 1 | Y 003 |
| 2階非常停止ボタン S | PBE 2 | X 001 | 1階開扉電磁接触器 | MC 2 | Y 004 |
| 1階操作ボタン S | PB 1 | X 002 | 2階閉扉電磁接触器 | MC 3 | Y 005 |
| 2階操作ボタン S | PB 2 | X 003 | 2階開扉電磁接触器 | MC 4 | Y 006 |
| 1階下限リミット S | LS 1 | X 004 | 下降電磁接触器 | MC 5 | Y 007 |
| 2階上限リミット S | LS 2 | X 005 | 上昇電磁接触器 | MC 6 | Y 008 |
| 1階閉扉リミット S | LS 11 | X 006 | 1階着床表示灯 | SL 1 | Y 009 |
| 1階開扉リミット S | LS 12 | X 007 | 2階着床表示灯 | SL 2 | Y 010 |
| 2階閉扉リミット S | LS 21 | X 008 | 上昇表示灯 | SLU | Y 011 |
| 2階開扉リミット S | LS 22 | X 009 | 下降表示灯 | SLD | Y 012 |

S：スイッチ

## 10.2.3 PCによるエレベータの制御

理解を容易にするため，1～2階の荷物用エレベータについて説明する。

**（1）荷物用エレベータの構成**　図10.13は荷物用エレベータの基本的な構成図である。電動機M1，M2は扉の開閉用で，M3はかごの昇降用である。リミットスイッチLS1，LS2はかごの下限と上限を決める。LS11，LS12は1階，LS21，LS22は2階の扉の開閉を検出する。表示灯SLUは上昇を，SLDは下降の表示をする。SL1，SL2は1階および2階の着床表示である。

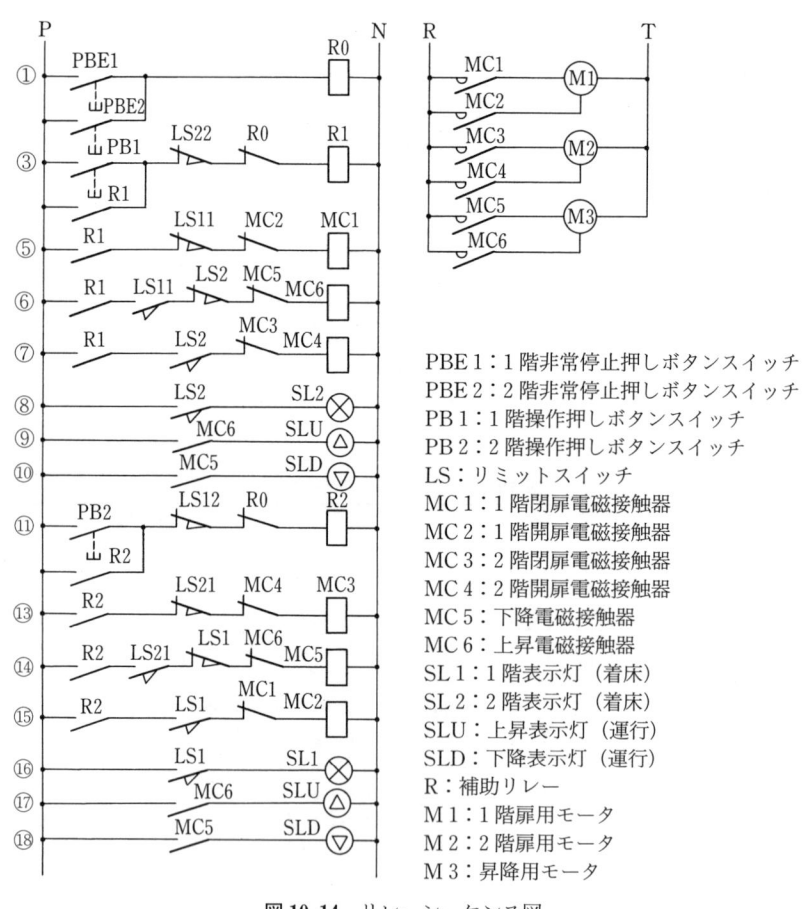

PBE1：1階非常停止押しボタンスイッチ
PBE2：2階非常停止押しボタンスイッチ
PB1：1階操作押しボタンスイッチ
PB2：2階操作押しボタンスイッチ
LS：リミットスイッチ
MC1：1階閉扉電磁接触器
MC2：1階開扉電磁接触器
MC3：2階閉扉電磁接触器
MC4：2階開扉電磁接触器
MC5：下降電磁接触器
MC6：上昇電磁接触器
SL1：1階表示灯（着床）
SL2：2階表示灯（着床）
SLU：上昇表示灯（運行）
SLD：下降表示灯（運行）
R：補助リレー
M1：1階扉用モータ
M2：2階扉用モータ
M3：昇降用モータ

図10.14　リレーシーケンス図

（2） **入出力機器の割付け**　エレベータの構成図をもとに，入出力機器を割付けると**表 10.2** のようになる．出力 Y 000〜Y 002 は補助リレーに割付ける．

（3） **ラダー図の作成**　先に**図 10.14** のリレーシーケンス図を作成するとラダー図の作成が容易である．リレーシーケンス図と入出力機器の割付け表に従ってラダー図を作成すると**図 10.15** のようになる．

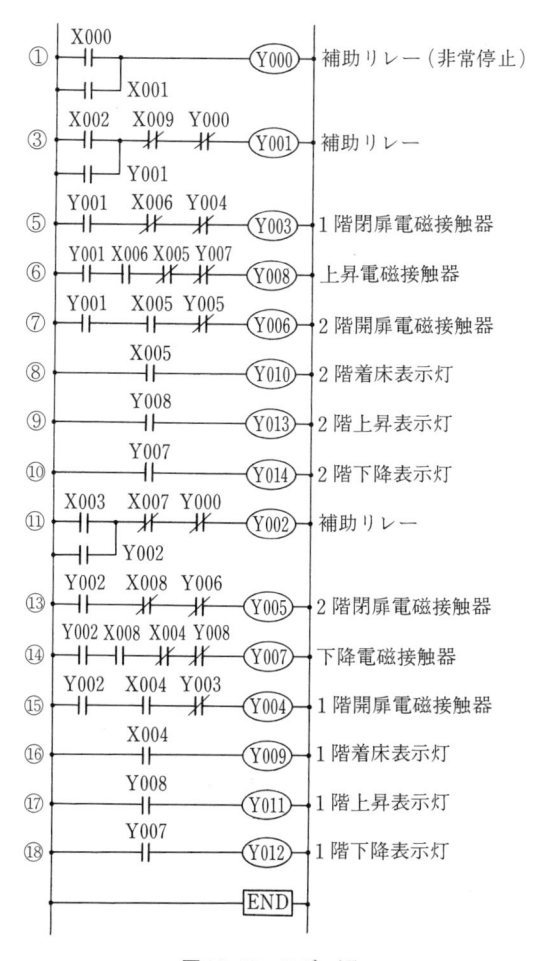

```
①  ─X000─────────────(Y000)─ 補助リレー（非常停止）
   └─X001─┘
③  ─X002─X009─Y000───(Y001)─ 補助リレー
   └─Y001─┘ ⫽   ⫽
⑤  ─Y001─X006─Y004───(Y003)─ 1階閉扉電磁接触器
         ⫽   ⫽
⑥  ─Y001─X006─X005─Y007─(Y008)─ 上昇電磁接触器
         ⫽   ⫽
⑦  ─Y001─X005─Y005───(Y006)─ 2階開扉電磁接触器
              ⫽
⑧  ─X005─────────────(Y010)─ 2階着床表示灯
⑨  ─Y008─────────────(Y013)─ 2階上昇表示灯
⑩  ─Y007─────────────(Y014)─ 2階下降表示灯
⑪  ─X003─X007─Y000───(Y002)─ 補助リレー
   └─Y002─┘ ⫽   ⫽
⑬  ─Y002─Y008─Y006───(Y005)─ 2階閉扉電磁接触器
         ⫽   ⫽
⑭  ─Y002─X008─X004─Y008─(Y007)─ 下降電磁接触器
         ⫽   ⫽
⑮  ─Y002─X004─Y003───(Y004)─ 1階開扉電磁接触器
              ⫽
⑯  ─X004─────────────(Y009)─ 1階着床表示灯
⑰  ─Y008─────────────(Y011)─ 1階上昇表示灯
⑱  ─Y007─────────────(Y012)─ 1階下降表示灯
                     [END]
```

**図 10.15**　ラダー図

表10.3 エレベータ制御のプログラム

| ステップ | 命令 | | ステップ | 命令 | | ステップ | 命令 | |
|---|---|---|---|---|---|---|---|---|
| 0 | LD | X 000 | 18 | AND | X 005 | 36 | LD | Y 002 |
| 1 | OR | X 001 | 19 | ANI | Y 005 | 37 | AND | X 008 |
| 2 | OUT | Y 000 | 20 | OUT | Y 006 | 38 | ANI | X 004 |
| 3 | LD | X 002 | 21 | LD | X 005 | 39 | ANI | Y 008 |
| 4 | OR | Y 001 | 22 | OUT | Y 010 | 40 | OUT | Y 007 |
| 5 | ANI | X 009 | 23 | LD | Y 008 | 41 | LD | Y 002 |
| 6 | ANI | Y 000 | 24 | OUT | Y 013 | 42 | AND | X 004 |
| 7 | OUT | Y 001 | 25 | LD | Y 007 | 43 | ANI | Y 003 |
| 8 | LD | Y 001 | 26 | OUT | Y 014 | 44 | OUT | Y 004 |
| 9 | ANI | X 006 | 27 | LD | X 003 | 45 | LD | X 004 |
| 10 | ANI | Y 004 | 28 | OR | Y 002 | 46 | OUT | Y 009 |
| 11 | OUT | Y 003 | 29 | ANI | X 007 | 47 | LD | Y 008 |
| 12 | LD | Y 001 | 30 | ANI | Y 000 | 48 | OUT | Y 011 |
| 13 | AND | X 006 | 31 | OUT | Y 002 | 49 | LD | Y 007 |
| 14 | ANI | X 005 | 32 | LD | Y 002 | 50 | OUT | Y 012 |
| 15 | ANI | Y 007 | 33 | ANI | X 008 | 51 | END | |
| 16 | OUT | Y 008 | 34 | ANI | Y 006 | | | |
| 17 | LD | Y 001 | 35 | OUT | Y 005 | | | |

(4) **コーディング** 図10.15をもとにコーディングすると，**表10.3**のプログラムが作成できる。

──────── 練 習 問 題 ────────

10.1 エレベータの方向選択回路（図10.5）において，エレベータが5階に停止中に，3階乗場の客が下降呼びボタンを押した場合の回路の動作を図示せよ。

10.2 エレベータの運行指示回路（図10.7）において，問題10.1により3階の呼びにこたえてドアを閉じた後の回路の動作を図示せよ（図10.8参照）。

10.3 図10.9において，つぎの各場合の信号の伝達経路を図示せよ（図10.10の例参照）。

(1) 5階のエレベータが，2階の下降呼びにこたえて下降をはじめたとき，乗客がかご内行先指示ボタンの4階を押した場合。

(2) (1)の状態で，さらに3階乗場で上昇呼びボタンを押した場合。

10.4 図10.9のエレベータの記憶回路と信号選択回路において，5階（最上階）の回路を構成せよ．

10.5 図10.14のエレベータのシーケンス図において，回路③列および⑭列の動作を具体的に説明せよ．

10.6 図10.15ラダー図の回路⑥列をコーディングしたのは，表10.3のプログラムのステップの何番から何番までか．

# 11 マイコンによるシーケンス制御

制御技術の目覚ましい発展は，センサやアクチュエータの進歩とともに，コンピュータ技術のソフト，ハード両面の進展に負うところが大きい。特に制御用コンピュータは，半導体技術の発展と制御技術の高度化の要求があいまって，ますます高性能化し，制御装置の中枢として使用されている。

ここではマイコンの基本的な構成とマイコンによるシーケンス制御の実際を，具体例をあげて解説する。

## 11.1 マイコンとは

制御用コンピュータにはいろいろな種類があるが，マイクロプロセッサを中心にして，記憶装置，入出力装置，周辺装置などが組み込まれたごく小形なコンピュータを**マイクロコンピュータ**（microcomputer）略して**マイコン**という。

## 11.2 マイコンの構成と動作

### 11.2.1 マイコンの構成

コンピュータは，図 11.1 のように基本的には，**入力装置**（input unit），**出力装置**（output unit），**演算装置**（arithmetic and logic unit：ALU），**制御装置**（control unit），**記憶装置**（memory unit）の五つの装置から構成されている。このうちの演算装置と制御装置をまとめて**中央処理装置**（central processing unit：CPU）と呼んでいる。

マイコンの基本構成も同じで，五つの装置が 1 枚の基板に組み込まれているのを**ワンボードコンピュータ**（one board computer）といい，1 個の IC に組

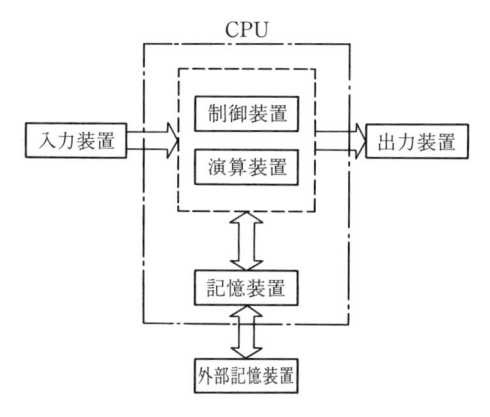

**図 11.1** コンピュータの基本構成

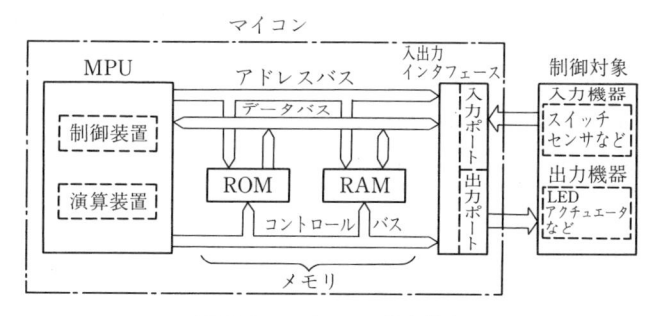

**図 11.2** マイコンの基本構成

み込んだものを**ワンチップマイクロコンピュータ**（one chip microcomputer）という。**図 11.2** にマイコンの基本構成を表す。

マイコンではCPUを特に**マイクロプロセッサ**（microprocessor）または**MPU**（micro processing unit）ともいう。各装置の概要はつぎのとおりである。

（1） **制御装置**　制御装置には，命令を順に取り出してくるアドレスを記憶しておく**プログラムカウンタ**（program counter : PC）と，プログラムの実行において，取り出してきた命令を一時記憶しておく**インストラクションレジスタ**（instruction register : IR）を内蔵している。

（2） **演算装置**　算術演算と論理演算を行う演算回路と，演算を行うデー

タや演算結果を一時記憶させる**アキュムレータ**（accumulator : ACC）というレジスタなどで構成されている。

（3）**記憶装置**　1バイトごとに0から始まる番地（address）がつけられて，データなどの格納場所を示す。データを記憶させることを書込みといい，取り出すことを読出しという。

（4）**入出力ポート**　マイコンと外部機器との間でデータをやりとりするもので，センサや入力機器などのデータをMPUに読込む入力ポートと，MPUからデータをアクチュエータなどに送り出す出力ポートがある。入出力ポートを一般に**I/Oポート**（input/output port）という。

（5）**バスライン**　**アドレスバス**（address bus），**データバス**（data bus），**コントロールバス**（control bus）の三つのバスラインで結ばれて，データや制御信号などを伝送している。

### 11.2.2　マイコン構成要素の動作

（1）**制御装置**　マイコンの各装置を，秩序正しく動作させるための指令を送る中枢的役割をする。基本的には，つぎの二つの動作が交互に繰り返されて，メモリに記憶されているプログラムを自動的につぎつぎに実行していく。

（a）**命令の取り出し**（fetch cycle）　第一段階では，PCが指示するアドレスから命令を取り出す。命令の内容は，命令を処理するオペレーション部とデータの格納場所を指定するアドレス部を示す。

（b）**命令の実行**（execution cycle）　第二段階では，取り出した命令を解読し，指示された処理を実行する。例えば，「ACCの内容に200番地の内容を加えよ」という加算命令では，まず第一段階でIRのオペレーション部に加算命令の内容を，アドレス部に指定番地の200を取り出す。つぎに，アドレス部の200をアドレスバスに出力し，メモリに読出し信号を送り，加算を実行して，演算結果をACCに記憶する。

図11.3に制御装置の一連の動作を示す。

（2）**演算装置**　図11.4は，基本的な演算回路である。これは直列加算方式で，すでに述べた加算回路とほぼ同じである。

## 11.2 マイコンの構成と動作

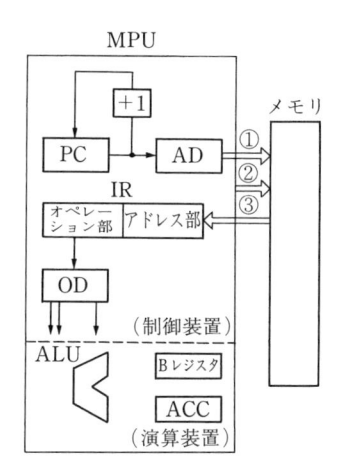

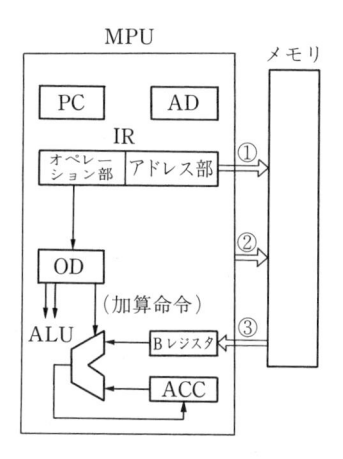

（a） 命令の取り出し　　　　　（b） 命令の実行

ACC：アキュムレータ　　　　PC：プログラムカウンタ
AD：アドレスデコーダ　　　　①：アドレスバス
ALU：演算装置　　　　　　　②：コントロールバス
IR：インストラクションレジスタ　③：データバス
OD：オーダデコーダ

**図 11.3** 制御装置の動作

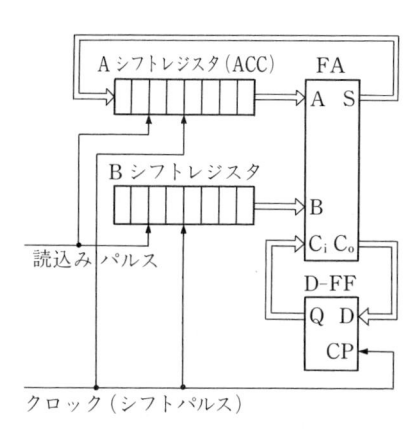

FA：フルアダー（全加算器）
D-FF：Dフリップフロップ

**図 11.4** 演算回路

つぎの算術演算を行う場合の演算回路の動作を図 11.5 に示す。

$18+27=45$

$(00010010)+(00011011)=(00101101)$

演算回路（ALU）は，一般に図 11.6 のように表す。

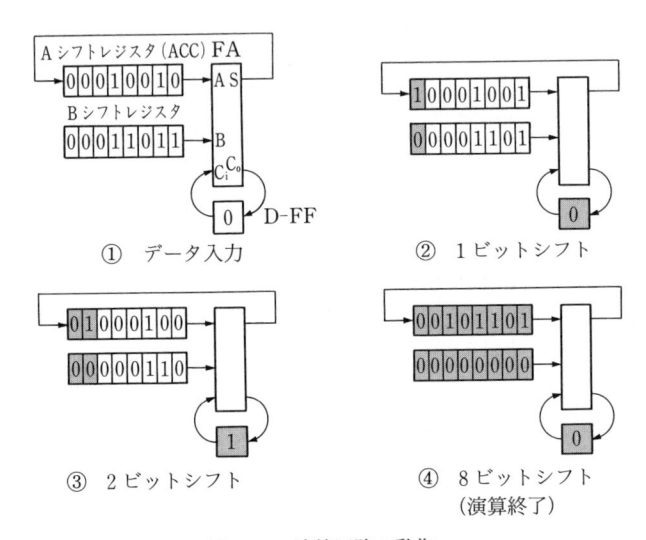

① データ入力
② 1ビットシフト
③ 2ビットシフト
④ 8ビットシフト（演算終了）

図 11.5　演算回路の動作

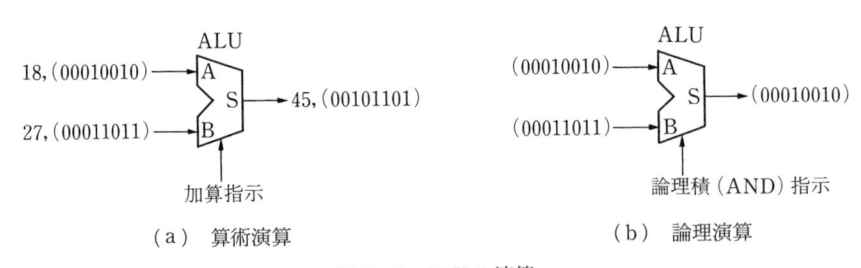

(a) 算術演算
(b) 論理演算

図 11.6　ALU の演算

(3) **記憶装置**　コンピュータの記憶装置は，データやプログラムなどを記憶し，制御装置の命令によって書込みや読出しが行われる。コンピュータ本体に用いる主記憶装置と補助的に用いる外部記憶装置がある。

マイコンの記憶装置には **IC メモリ** が一般に用いられている。IC メモリは図 11.7 のように，**RAM**（random access memory）と **ROM**（read only

```
                  ┌─スタティック形 RAM (SRAM)
          ┌─RAM─┤
          │      └─ダイナミック形 RAM (DRAM)
IC メモリ─┤
          │      ┌─マスク ROM (MROM)
          └─ROM─┤      ┌─EPROM
                 └─PROM┤
                       └─EEPROM
```

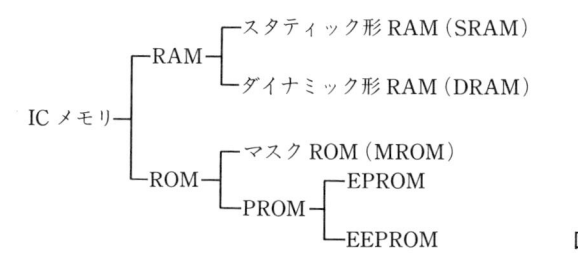

図 11.7　IC メモリの種類

memoly）がある．図 11.8 は，ダイナミック形 RAM の構成図である．コンデンサは自己放電によって電荷を失うので，データが消滅する前（約 2 ms）に再書込み（refresh）が必要である．

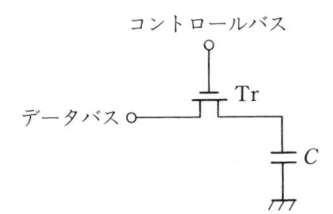

図 11.8　ダイナミック形 RAM

ROM は，マイコンのシステムプログラムやプログラムに必要な固定データなどを格納するのに用いられ，再書き込みができない**マスク ROM**（mask ROM）と，書き込みができる **PROM**（programmable ROM）がある．

### 11.2.3　インタフェース

MPU と外部機器との間で，正しくデータを受け渡しするために，動作のタイミングやデータの表現形式などを調整する回路を**インタフェース**（interface）という．

マイコンの入出力ポートに直接，温度センサやモータなどを接続しても制御することはできない．入出力ポートのレベルは，TTL レベルで約 5 V である．また，MPU の動作速度は非常に速く，しかもディジタル信号である．そこで，外部機器との間で，タイミングやレベルなどの調整をインタフェースで行う．

（1）**D-A 変換器と A-D 変換器**　マイコンの制御対象となるモータやシ

リンダなどは，アナログ信号で動作するから，**D-A 変換器**（digital to analog converter）でディジタル信号をアナログ信号に変換する必要がある。抵抗回路網を利用した電圧加算形などが使用される。

温度センサや速度センサなどの出力は，アナログ信号である。したがって，入力ポートとの間に **A-D 変換器**が必要である。動作原理により計数形や逐次比較形などがある。

図 11.9 は A-D, D-A 変換器の使用例である。

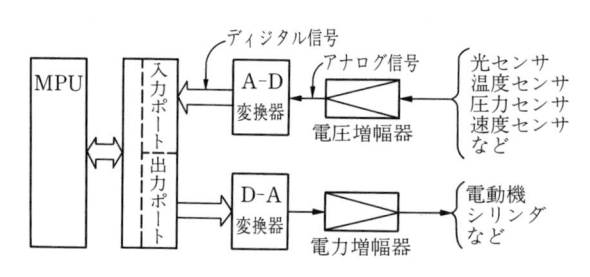

図 11.9　A-D, D-A 変換器

**（2）　レベル変換器**　　マイコンの出力ポートのレベルは TTL レベルで，"H" は 2.4 V 以上（約 5 V），"L" は 0.4 V 以下の 2 値信号である。これでは，とても外部機器を駆動できないから，外部機器の駆動に必要な電圧レベルに調整する必要がある。このとき使用するインタフェースを，**レベル変換器**（level converter）という。

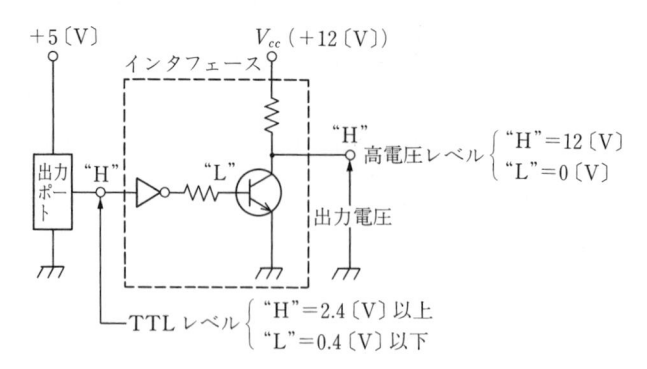

図 11.10　レベル変換器の例

図 11.10 は，レベル変換器の例である。

**(3) タイミングの調整**　マイコンと外部機器との間でデータの授受を行う場合，MPU の処理速度に比べて，一般に外部機器の動作速度の方がはるかに遅いので，タイミングの調整をする必要がある。その方法として，つぎに示す方式がある。

（ⅰ）プログラム制御方式
（ⅱ）割込み方式
（ⅲ）DMA（Direct Memory Access）方式

**(4) 絶縁形インタフェース**　マイコンの制御対象となる電磁リレーやモータなどは，ノイズや異常電圧を発生する場合が多い。したがって，ノイズや異常電圧を遮断して信号だけを伝送するインタフェースが必要である。図 11.11 のようなホトカプラがよく用いられる。

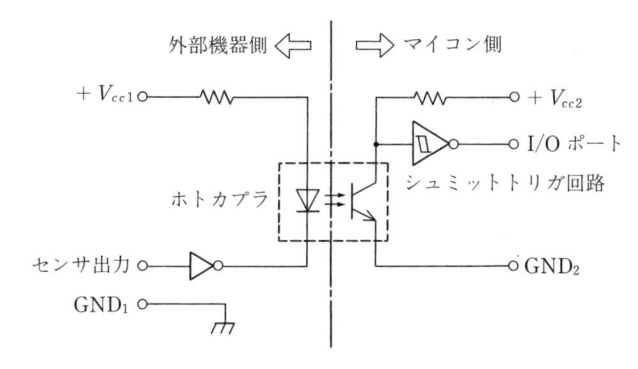

**図 11.11** 絶縁形インタフェース

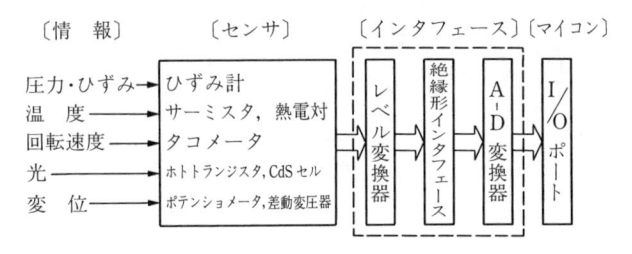

**図 11.12** 外部情報をマイコンへ入力

図 11.12 は，外部の情報をマイコンへ入力するときのインタフェースの使用例である。

## 11.3 マイコンによるアクチュエータの制御

機械を駆動するアクチュエータには，いろいろな種類があるが，広く利用されている汎用モータの制御について述べる。工場の生産システムや家庭の電気機器の制御もモータの制御が基本になる。

### 11.3.1 コンデンサモータの制御

コンデンサモータは，前に述べたように2組の単相コイルのうち，一方のコイルにコンデンサを直列に接続して，90°位相の異なる電流を流して移動磁界をつくり，移動磁界の方向に回転させる。

回転方向は，どちらのコイルにコンデンサが接続されているかで決まるから図 11.13 のように，コンデンサの接続を切換えることによって正転，逆転制御が可能である。

〔正転〕 出力ポート $PA_0$ から "H" の制御信号を出力すると，$NOT_1$ で反転して "L" となり，ホトカプラ $PC_1$ の LED が導通して発光し，受光素子の

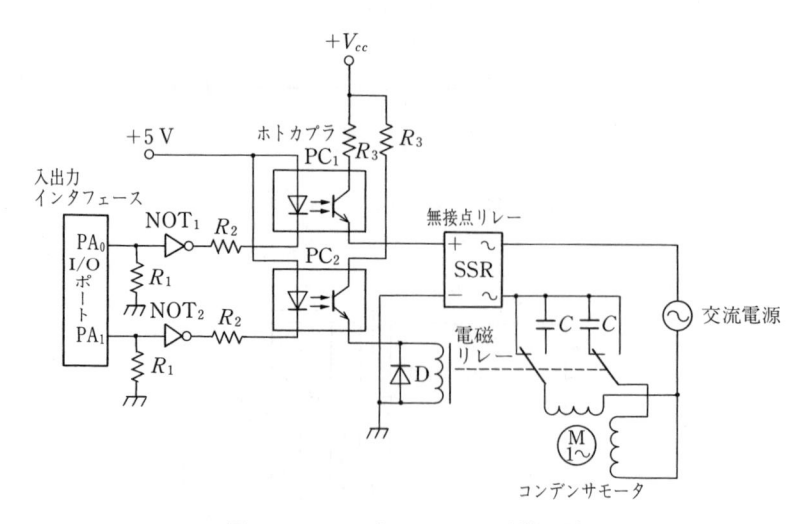

図 11.13 コンデンサモータの制御回路

ホトトランジスタにコレクタ電流が流れて，SSR を ON にする．交流電源からコンデンサモータへの回路が接続されて，モータは始動する．

このとき，出力ポートの $PA_1$ の出力は "L" にする．$NOT_2$ で反転して "H" となり，$PC_2$ の LED は不導通となって $PC_2$ がカットオフとなるため，電磁リレーは動作しない．

〔**停止**〕 モータを停止させるには，SSR で交流電源を遮断する．$PA_0$ の出力を "L" にして，SSR を OFF の状態にすればよい．

〔**逆転**〕 出力ポート $PA_1$ から "H" を出力すると，$PC_2$ が ON となり，電磁リレーが動作して，コンデンサの接続が主コイルと始動コイルが入れ替って移動磁界の方向が逆になる．$PA_0$ から "H" を出力すると，モータは逆方向に始動する．

### 11.3.2 三相誘導電動機の制御

図 11.14 は，無接点リレー SSR を 4 個使った三相誘導電動機の制御回路である．三相誘導電動機を逆転させるには，モータに接続されている線路の任意の 2 本を入れ替えればよい．

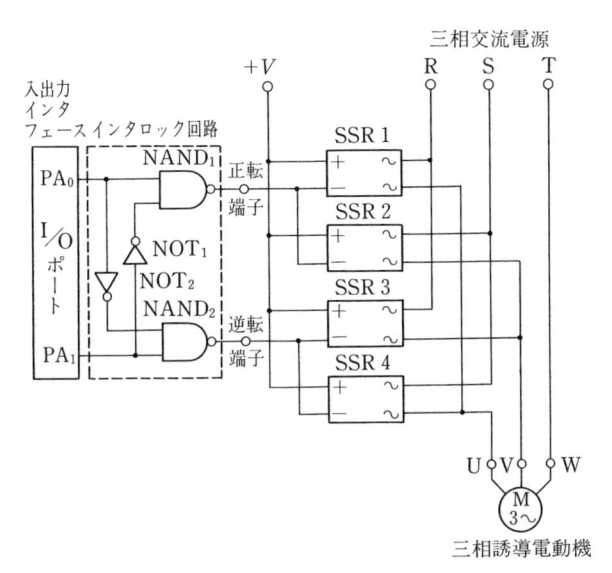

**図 11.14** 三相誘導電動機の制御回路

〔正転〕　図の出力ポート $PA_0$ から"H", $PA_1$ から"L"の制御信号を出力すると, インタロック回路で反転して正転端子が"L"となり, $SSR_1$, $SSR_2$ を ON にする. すると, R-U, S-V が接続されてモータは正回転方向へ始動する.

〔停止〕　$PA_0$, $PA_1$ の出力信号をともに"H"にすると, 正転端子, 逆転端子がともに"H"になり, 4 個の SSR のすべてが OFF の状態となってモータは停止する.

〔逆転〕　出力ポート $PA_0$ を"L", $PA_1$ を"H"にすると逆転端子が"L"となり, $SSR_3$, $SSR_4$ が ON となり, R-V, S-U が接続されてモータは逆回転方向へ始動する.

なお, 図のようにインタロック回路を設けることによって, 正転端子と逆転端子がともに"L"には絶対にならないから, 4 個の SSR をすべて ON の状態にして, 電源を短絡するようなことはない. この回路は, 過電流の保護回路が省略されているので別に設ける必要がある.

### 11.3.3　ステッピングモータの制御

ステッピングモータは, 前に述べたようにいろいろな励磁方式があるが, 二相励磁による制御について述べる.

図 11.15 はその制御回路である.

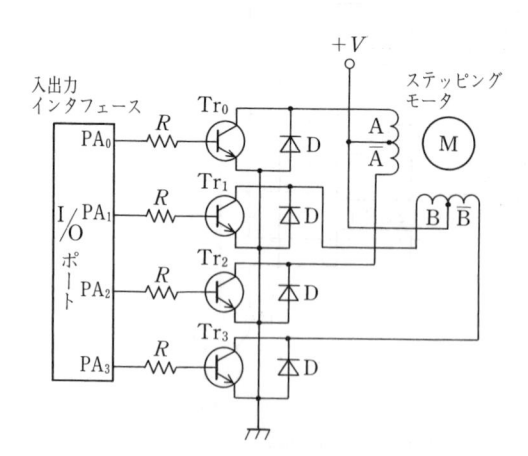

**図 11.15**　ステッピングモータの制御回路

〔正転〕 出力ポート $PA_0$, $PA_1$ を"H"にすると，トランジスタ $Tr_0$, $Tr_1$ がONになり，A相，B相の固定子コイルに励磁電流が流れて，その合成磁界の方向に永久磁石の回転子が回転する．

つぎに，$PA_1$, $PA_2$ を"H"にすると，$Tr_1$, $Tr_2$ がONになり，B相，$\bar{A}$ 相が励磁されて，回転子は1ステップ角だけ回転する．

同様に，$(PA_2, PA_3) \to (PA_3, PA_0) \to (PA_0, PA_1)$ の順に二相ずつ励磁を進めることによりモータは正回転する．

〔停止〕 出力ポート $PA_0$〜$PA_3$ をすべて"L"にすれば，すべてのコイルが無励磁になってモータは停止する．しかし，無励磁にしてもコイルの誘導作用で残留トルクがある．そこで，図のようにTrと並列にダイオードDを接続すると，コイルに発生した逆起電力を吸収して，Trの破壊を防止するとともに，逆起電力による電流がコイルに流れて残留トルクを打消し，制動作用のはたらきをする．

〔逆転〕 コイルの励磁の順序を正転と逆にするために，出力ポートの信号を，$(PA_0, PA_1) \to (PA_0, PA_3) \to (PA_2, PA_3) \to (PA_1, PA_2)\cdots$ の順に出力すれば，モータは逆転する．

ステッピングモータの回転速度は，クロックパルスの周波数で制御できる．また，回転角度は，出力ポートの制御信号の数で決まる．図は，I/O ポートの出力信号をそのまま制御信号としたが，実際の駆動回路は，I/O ポートと Tr の間にドライブ用 IC を接続して，IC で励磁パルスを分配させる．

———————————— 練 習 問 題 ————————————

11.1 マイコンを構成している五つの装置と，三つのバスラインの名称をあげよ．
11.2 MPU 内のアキュムレータの動作を簡単に説明せよ．
11.3 IC メモリを機能面から分類してその種類をあげよ．
11.4 マイコンと外部機器との間で，タイミングを調整する方式を三つあげよ．
11.5 ノイズや異常電圧からマイコンを保護する方法について述べよ．
11.6 図 11.15 のステッピングモータの制御回路において，一-二相励磁で運転したい．I/O ポートから送り出す出力信号をどのようにすればよいか．

## 参 考 文 献

1) 鷲野翔一ほか：住宅機器・生活環境の制御, コロナ社
2) 寺園成宏ほか：エレベータハイテク技術, オーム社
3) 望月傳：シーケンス制御の基本, 技術評論社
4) 高野政晴ほか：電子機械応用, 実教出版
5) 電気学会編：シーケンス制御工学
6) 坪島茂彦ほか：モータ技術百科, オーム社
7) 安川電機編：インバータドライブ技術
8) 松下電器技術研修所編：マイコン制御
9) 三菱電機株式会社編：三菱シーケンサ
10) JIS 各編

# 練習問題解答

## 1　章

**1.1** 制御とは「ある目的に適合するように，制御対象に所要の操作を加えること」である。

**1.2** シーケンス制御とは「あらかじめ定められた順序，または手続きに従って制御の各段階を進めていく制御」である。

**1.3** 全自動洗濯機，交通信号機

**1.4** シーケンス制御は，あらかじめ定められた時間的スケジュールに従って，制御の各段階を進めていく制御で，基本動作は信号の検出，処理，操作の三つである。フィードバック制御は，フィードバックによって制御量の値を目標値と比較して，それを一致させるように修正動作を行う制御である。

**1.5**　シーケンス制御：b, c, f, g
　　　　フィードバック制御：a, d, e

**1.6**　a：制御対象，b：制御量，c：操作量，d：目標値

**1.7**　PC はシーケンス制御用コンピュータともいわれ，入力部，出力部，論理判断を行う制御部および ROM や RAM で構成する記憶部など，ほぼコンピュータと同じである。制御盤の中に組み込んだり，過酷な機械現場で使用できるようになっている。

**1.8**　全自動洗濯機，ルームエアコン，冷蔵庫，VTR

**1.9**　（1）　b 接点，または NC 接点，またはブレーク接点という。
　　　（2）　a 接点，または NO 接点，またはメーク接点という。
　　　（3）　c 接点，またはトランスファ接点という。

**1.10**　（3）　COM-NC 間

**1.11**　（1）　過負荷耐量が大きい，（2）　開閉負荷容量が大きい，（3）　電気的ノイズに対して安定，（4）　温度特性がよい。

**1.12**　トランジスタのコレクタ電流は，ベース電流で制御できるから，ベース電流をカットすればスイッチ OFF，ベース電流を流せばスイッチ ON となる。

**1.13**　（1）　寿命が非常に長い，（2）　動作速度がきわめて速い，（3）　IC 化され

きわめて小形，（4） 消費電力が少ない，（5） 接点がないので保守が容易．

## 2 章

**2.1** 解図 2.1 に示す．

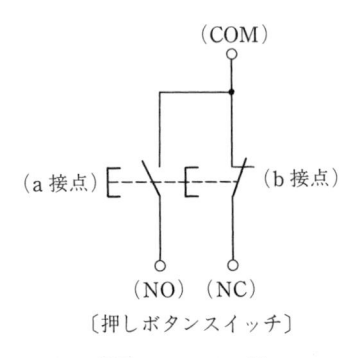

**解図 2.1** 2.1 の解

〔押しボタンスイッチ〕
(COM) (a 接点) (b 接点) (NO) (NC)

**2.2** 触覚

**2.3** ともに，非接触形のセンサで，移動物体の検出や計数などに用いる．

**2.4** 検出物が異なる．高周波発振形は磁性体などの金属の検出に，静電容量形は，紙，プラスチックなどの誘電体の検出に用いる．

**2.5** PTC サーミスタ：温度を上昇すると特定の温度から急激に電気抵抗が増加する．電熱器具の温度スイッチなどに用いる．
CTR サーミスタ：温度を上昇すると特定の温度から急激に電気抵抗が減少する．温度警報装置などに用いる．

**2.6** （1） 赤外線，（2） 短くなる，（3） 照明器具の自動点滅器，（4） 非接触形温度センサ

**2.7** ヒンジ形，プランジャ形，リード形

**2.8** 機械的寿命：接点に電流を流さないときの可能操作回数
電気的寿命：接点に定格負荷電流を流した状態における可能操作回数

**2.9** 電動式タイマ：(1)，(2)
電子式タイマ：(3)，(4)
(5) 同期電動機

**2.10** 電磁開閉器は電磁接触器とサーマルリレーを組合せたもので，過負荷保護機能を備えているが，電磁接触器は，一般に過負荷保護機能を持たない．

**2.11** 過負荷保護機能，欠相保護機能，反相保護機能

# 3 章

**3.1** 洗濯機や冷蔵庫に使用されている電動機

**3.2** A級電力増幅回路：トランジスタの動作点を負荷線のほぼ中央にする。
B級電力増幅回路：トランジスタの動作点をカットオフ点で動作させる。

**3.3** $120 \times 120 = 14\,400$ になる。

**3.4** 発光素子：LED，受光素子：ホトトランジスタ

**3.5** 誘導負荷に発生する逆起電力を吸収してトランジスタを保護する。

**3.6** SCRはpnpnの4層構造で，アノードからカソードへ流れる電流をゲートで制御するもので，逆方向の電流は流さない。出力は直流である。
トライアックはnpnpnの5層構造で，双方向に流れる電流をゲートで制御するもので，出力は交流である。

**3.7** VRを上へスライドすると，ゲート電圧が大きくなって早くSCRをターンオンする電圧になるから，出力電圧が大きくなるのでランプが明るくなる。

**3.8** VRを大きくすると，コンデンサの充電電流が小さくなって，パルスの位相が遅れるから出力電圧は小さくなる。

**3.9** npnの3層構造の双方向性のダイオードで，トライアックなどのトリガ用に利用される。

**3.10** 電流制御方式，電圧制御方式，PWM方式

**3.11** トランジスタ $TR_1$ と $TR_4$

**3.12** 図3.13に示す。

**3.13** （1）界磁制御法：界磁回路に直列に接続した界磁抵抗器で界磁電流を調整する。
（2）電圧制御法：電機子供給電圧を調整する。

**3.14** 式(3.2) $N = (V - r_a I_a)/(K\Phi)$ において，無負荷または軽負荷では，$V \gg r_a I_a$，$\Phi$ は $I_a$ に比例するので $\Phi$ が非常に小さくなって，$N$ が非常に大きくなり暴走する危険がある。

**3.15** 整流子およびブラシの保守点検，ブラシの消耗などがある。

**3.16** $N_s = (120f)/p = (120 \times 60)/4 = 1\,800$ [rpm]

**3.17** $N_s = (120f)/p = (120 \times 50)/2 = 3\,000$ [rpm]
$N = N_s(1-s) = 3\,000 \times (1-0.03) = 2\,910$ [rpm]

**3.18** 固定子コイルに加える三相交流の任意の2線を入れ換える。

**3.19** 安定領域では，負荷が増すと回転数が下り，トルクが増して負荷トルクとつり合うが，不安定領域では，負荷が増すと回転速度とともにトルクも低下するの

で回転数とトルクがますます下り，やがてモータは停止する。

**3.20** コンデンサを直列に接続した始動コイルの電流を，主コイルの電流よりほぼ90°位相を進ませて，二つのコイルで移動磁界を発生させて回転子を回転する。

**3.21** $\phi_1$ より 45° 時計方向に進んだ方向

**3.22** 解図 3.1 に示す。主コイルと始動コイルの接続を切り換える。

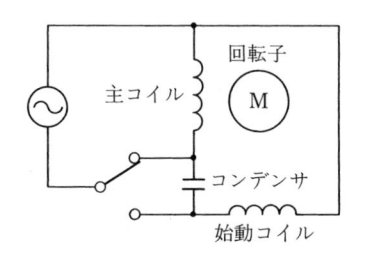

**解図 3.1** 3.22 の解

**3.23** $\theta = \alpha n = 1.8 \times 2\,000 = 3\,600°$   $N = \theta/360 = 3\,600/360 = 10$ 〔回転〕

**3.24** $\theta = \theta_0/2 = 1.8/2 = 0.9°$   $0.9 \times 300 = 270°$

**3.25** （1） 慣性を小さく，始動トルクを大きくするために回転子は直径が小さく，軸方向に長い。

（2） 回転軸に回転角および回転数のセンサが直結されている。

（3） ホール効果を利用したホールモータなどがある。

**3.26** 空気，水，油などの流体の断・続および流れの方向の制御

## 4 章

**4.1** IEC 規格とは，国際電気標準会議規格で世界中の国が協調している国際的な規格である。日本も国際化が進められ，電気用図記号は IEC 規格に完全整合した JIS 規格に改定された。

**4.2** 縦書き展開接続図は，要素の接続線の方向が大部分上下方向で，横書き展開接続図は左右方向である。図 4.1 は縦書き展開接続図である。

## 5 章

**5.1** （1）　$(17)_{10} = (10001)_2$

（2）　$(44)_{10} = (101100)_2$

（3）　$(200)_{10} = (11001000)_2$

**5.2** $(110010)_2 = (1 \times 2^5 + 1 \times 2^4 + 1 \times 2^1)_{10} = (32 + 16 + 2)_{10} = (50)_{10}$

（2）　$(1000100)_2 = (68)_{10}$

練 習 問 題 解 答　　195

　　　（3）　$(111000111)_2 = (455)_{10}$
5.3　（1）　　　1011
　　　　　　　＋　 101
　　　　　　　―――――
　　　　　　　 10000
　　　（2）　同様にして $(111)_2 + (1111)_2 = (10110)_2$
　　　（3）　　　1111
　　　　　　　－ 1001
　　　　　　　―――――
　　　　　　　 0110
　　　（4）　同様にして $(10011)_2 - (1101)_2 = (110)_2$
5.4　（1）　$\dfrac{99}{16} = 6 \cdots\cdots 3$
　　　　　　　　　（商）（余り）

　　　　　　$\dfrac{6}{16} = 0 \cdots\cdots 6$

　　　　　　∴　$(99)_{10} = (63)_{16}$
　　　（2）　16 ） 1000 ……8
　　　　　　 16 ）　62 ……E$(14)_{10}$
　　　　　　 16 ）　 3 ……3
　　　　　　　　　　0

　　　　　　∴　$(1000)_{10} = (3E8)_{16}$
　　　（3）　$(A29)_{16} = (10 \times 16^2 + 2 \times 16^1 + 9 \times 16^0)_{10} = (2\,560 + 32 + 9)_{10}$
　　　　　　　　　　　$= (2\,601)_{10}$
　　　（4）　$(3FC)_{16} = (1020)_{10}$
　　　（5）　$(1101011)_2 = (110 \vdots 1011)_2$
　　　　　　　　　　　$= (6 \vdots B)_{16}$
　　　　　　　　　　　$= (6B)_{16}$
　　　（6）　$(1\ 1101\ 0110\ 1101)_2 = (1D6D)_{16}$
　　　（7）　$(12)_{16} = (0001\ 0010)_2$
　　　　　　　　　　$= (10010)_2$
　　　（8）　$(B2)_{16} = (1011\ 0010)_2$
5.5　（1）　$X = A + B + B$　　　　　　　　　　　　(5.3 a) より
　　　　　　　　$= A + B$
　　　（2）　$X = A + B + \bar{B}$　　　　　　　　　　　(5.4 a) より
　　　　　　　　$= A + 1$　　　　　　　　　　　　　(5.2 a) より
　　　　　　　　$= 1$

(3) $X = A \cdot B \cdot \bar{B}$      (5.4 b) より
   $= A \cdot 0$      (5.2 b) より
   $= 0$

(4) $X = A \cdot (B + \bar{B})$
   $= A \cdot 1$
   $= A$

(5) $X = A \cdot B + B \cdot C + A \cdot B \cdot C$
   $= A \cdot B \cdot (1 + C) + B \cdot C$      (5.8 a) より
   $= A \cdot B + B \cdot C$
   $= B \cdot (A + C)$

**5.6** (1) $A \cdot B + A \cdot \bar{B} = A \cdot (B + \bar{B}) = A$      (5.8 a) より

(2) $A \cdot \bar{B} + B + A \cdot C = A + B + A \cdot C$      (5.9 b) より
     $= A \cdot (1 + C) + B$      (5.8 a) より
     $= A + B$

(3) $A + B \cdot C = A \cdot (1 + C) + B \cdot C$      (5.1 b), (5.2 a) より
     $= A + A \cdot C + B \cdot C$
     $= A \cdot (1 + B) + A \cdot C + B \cdot C$
     $= A + A \cdot B + A \cdot C + B \cdot C$
     $= A \cdot A + A \cdot B + A \cdot C + B \cdot C$
     $= A \cdot (A + B) + C \cdot (A + B)$
     $= (A + B) \cdot (A + C)$

(4) $(A + B) \cdot (\bar{A} + \bar{B}) \cdot \bar{B} = (A \cdot \bar{A} + A \cdot \bar{B} + \bar{A} \cdot B + B \cdot \bar{B}) \cdot \bar{B}$   (5.8 a) より
      $= (A \cdot \bar{B} + \bar{A} \cdot B) \cdot \bar{B}$      (5.4 b) より
      $= A \cdot \bar{B} \cdot \bar{B} + \bar{A} \cdot B \cdot \bar{B}$
      $= A \cdot \bar{B}$

(5) $A \cdot B + \bar{A} \cdot C + B \cdot C = A \cdot B + \bar{A} \cdot C + B \cdot C \cdot (A + \bar{A})$
          (5.1 b), (5.4 a) より
     $= A \cdot B + \bar{A} \cdot C + A \cdot B \cdot C + \bar{A} \cdot B \cdot C$
     $= A \cdot B \cdot (1 + C) + \bar{A} \cdot C \cdot (1 + B)$    (5.8 a) より
     $= A \cdot B + \bar{A} \cdot C$

**5.7** 解図 5.1 にカルノー図を示す。

**5.8** (1) $\overline{\bar{A} \cdot \bar{C} + B + A \cdot D} = \overline{\bar{A} \cdot \bar{C}} \cdot \bar{B} \cdot \overline{A \cdot D}$      (5.10 a) より
     $= (\bar{\bar{A}} + \bar{\bar{C}}) \cdot \bar{B} \cdot (\bar{A} + \bar{D})$      (5.10 b) より
     $= (A + C) \cdot (\bar{A} + \bar{D}) \cdot \bar{B}$      (5.5) より

練習問題解答 **197**

A·(B+C)：斜線の領域　　A·B+A·C：斜線の領域
（1）　A·(B+C)=A·B+A·C の証明

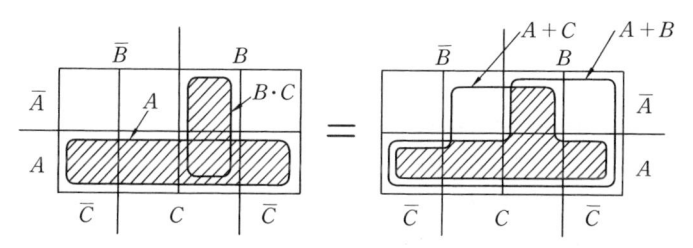

A+B·C：斜線の領域　　(A+B)·(A+C)：斜線の領域
（2）　A+B·C=(A+B)·(A+C) の証明

**解図 5.1**　5.7 の解（定理 8 の証明）

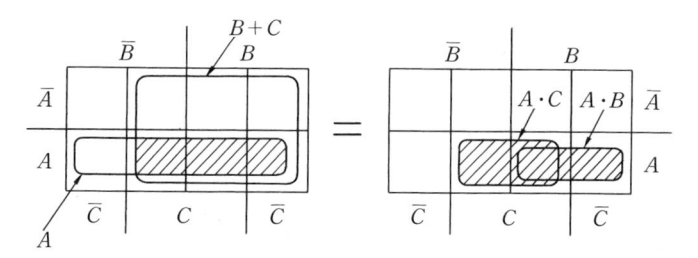

（2）　$(A \cdot B + C) \cdot (A + \bar{B}) \cdot C = (A \cdot A \cdot B + A \cdot B \cdot \bar{B} + A \cdot C + \bar{B} \cdot C) \cdot C$
$$\hspace{20em}(5.8\,\text{a}) \text{より}$$
$$= A \cdot B \cdot C + A \cdot C + \bar{B} \cdot C$$
$$= A \cdot C \cdot (B+1) + \bar{B} \cdot C$$
$$= A \cdot C + \bar{B} \cdot C$$
$$= (A + \bar{B}) \cdot C$$

（3）　$\overline{\overline{A \cdot B} \cdot \overline{C \cdot D}} = \overline{\overline{A \cdot B}} + \overline{\overline{C \cdot D}}$　　　　　　(5.10 b) より
$$= A \cdot B + C \cdot D \hspace{8em} (5.5) \text{より}$$

（4）　$A + A \cdot B \cdot C + \bar{A} \cdot B \cdot C + \bar{A} \cdot B + A \cdot D + A \cdot \bar{D}$
$$= A \cdot (1 + B \cdot C) + \bar{A} \cdot B + A \cdot D + A \cdot \bar{D} \hspace{2em} (5.8\,\text{a}) \text{より}$$
$$= A + \bar{A} \cdot B + A \hspace{10em} (5.4\,\text{a}) \text{より}$$
$$= A + \bar{A} \cdot B \hspace{12em} (5.3\,\text{a}) \text{より}$$
$$= A + B \hspace{14em} (5.9\,\text{b}) \text{より}$$

（5）　$(A + B \cdot C) \cdot D + \bar{A} \cdot (\bar{B} + \bar{C}) \cdot E + \bar{D} \cdot E$
$$= (A + B \cdot C) \cdot D + \{\bar{A} \cdot (\bar{B} + \bar{C}) + \bar{D}\} \cdot E \hspace{2em} (5.8\,\text{a}) \text{より}$$
$$= (A + B \cdot C) \cdot D + (\bar{A} \cdot \overline{B \cdot C} + \bar{D}) \cdot E \hspace{2em} (5.10\,\text{b}) \text{より}$$

$$= (A+B\cdot C)\cdot D + \overline{(\overline{A+B\cdot C}+\overline{D})}\cdot E \qquad (5.10\,\text{a}) \text{より}$$
$$= (A+B\cdot C)\cdot D + \overline{\overline{(A+B\cdot C)\cdot D}}\cdot E$$
$$= (A+B\cdot C)\cdot D + E \qquad (5.9\,\text{b}) \text{より}$$

**5.9** 〔定理11の証明〕 **解表5.1**, **解表5.2**に示す。

解表5.1  $A+A\cdot B = A$

| $A$ | $B$ | $A\cdot B$ | $A+A\cdot B$ |
|---|---|---|---|
| 0 | 0 | 0 | 0 |
| 0 | 1 | 0 | 0 |
| 1 | 0 | 0 | 1 |
| 1 | 1 | 1 | 1 |

解表5.2  $A\cdot(A+B) = A$

| $A$ | $B$ | $A+B$ | $A\cdot(A+B)$ |
|---|---|---|---|
| 0 | 0 | 0 | 0 |
| 0 | 1 | 1 | 0 |
| 1 | 0 | 1 | 1 |
| 1 | 1 | 1 | 1 |

**5.10** (1) $\quad A+\overline{A}\cdot B = (A+\overline{A})\cdot(A+B)\qquad (5.8\,\text{b})$ より
$$= 1\cdot(A+B) \qquad (5.4\,\text{a}) \text{より}$$
$$= A+B$$

(2) $\quad (A+B)\cdot(\overline{A}+B) = A\cdot\overline{A}+A\cdot B+\overline{A}\cdot B+B\cdot B$
$$= B\cdot(A+\overline{A})+B \qquad (5.4\,\text{b}) \text{より}$$
$$= B$$

(3) $\quad A\cdot B+\overline{A}\cdot C = A\cdot B+\overline{A}\cdot C\cdot(1+B) \qquad (5.2\,\text{a}) \text{より}$
$$= A\cdot B+\overline{A}\cdot C+\overline{A}\cdot B\cdot C$$
$$= B\cdot(A+\overline{A}\cdot C)+\overline{A}\cdot C$$
$$= B\cdot(A+C)+\overline{A}\cdot C \qquad (5.9\,\text{b}) \text{より}$$
$$= A\cdot B+\overline{A}\cdot C+B\cdot C$$
$$= A\cdot\overline{A}+A\cdot B+\overline{A}\cdot C+B\cdot C \qquad (5.4\,\text{b}) \text{より}$$
$$= (A+C)\cdot(\overline{A}+B)$$

(4) $\quad A\cdot B+\overline{A}\cdot\overline{B} = A\cdot B+B\cdot\overline{B}+A\cdot\overline{A}+\overline{A}\cdot\overline{B} \qquad (5.4\,\text{b}) \text{より}$
$$= B\cdot(A+\overline{B})+\overline{A}\cdot(A+\overline{B})$$
$$= (A+\overline{B})\cdot(\overline{A}+B)$$

(5) $\quad (A+C)\cdot(A+D)\cdot(B+C)\cdot(B+D)$
$$= (A+C\cdot D)\cdot(B+C\cdot D) \qquad (5.8\,\text{b}) \text{より}$$
$$= A\cdot B+C\cdot D \qquad (5.8\,\text{b}) \text{より}$$

**5.11** (1) $\quad X_2 = \overline{A}\cdot\overline{B}\cdot\overline{C}+\overline{A}\cdot\overline{B}\cdot C+\overline{A}\cdot B\cdot C+A\cdot\overline{B}\cdot\overline{C}+A\cdot\overline{B}\cdot C+A\cdot B\cdot\overline{C}$
$$= \overline{A}\cdot\overline{B}\cdot(\overline{C}+C)+A\cdot\overline{B}\cdot(\overline{C}+C)+B\cdot(\overline{A}\cdot C+A\cdot\overline{C})$$
$$= \overline{A}\cdot\overline{B}+A\cdot\overline{B}+B\cdot(\overline{A}\cdot C+A\cdot\overline{C})$$
$$= \overline{B}\cdot(A+\overline{A})+B\cdot(\overline{A}\cdot C+A\cdot\overline{C})$$

$$=\bar{B}+B\cdot(\bar{A}\cdot C+A\cdot\bar{C})$$
$$=\bar{B}+\bar{A}\cdot C+A\cdot\bar{C}$$

(2) $X_3=\bar{A}\cdot B\cdot\bar{C}+A\cdot\bar{B}\cdot\bar{C}+A\cdot\bar{B}\cdot C$
$$=\bar{A}\cdot B\cdot\bar{C}+A\cdot\bar{B}\cdot(C+\bar{C})$$
$$=\bar{A}\cdot B\cdot\bar{C}+A\cdot\bar{B}$$

(3) $X_4=\bar{A}\cdot\bar{B}\cdot C+A\cdot\bar{B}\cdot\bar{C}+A\cdot B\cdot C$
$$=\bar{A}\cdot\bar{B}\cdot C+A\cdot(B\cdot C+\bar{B}\cdot\bar{C})$$

**5.12** 解図 5.2 にリレー回路を示す。

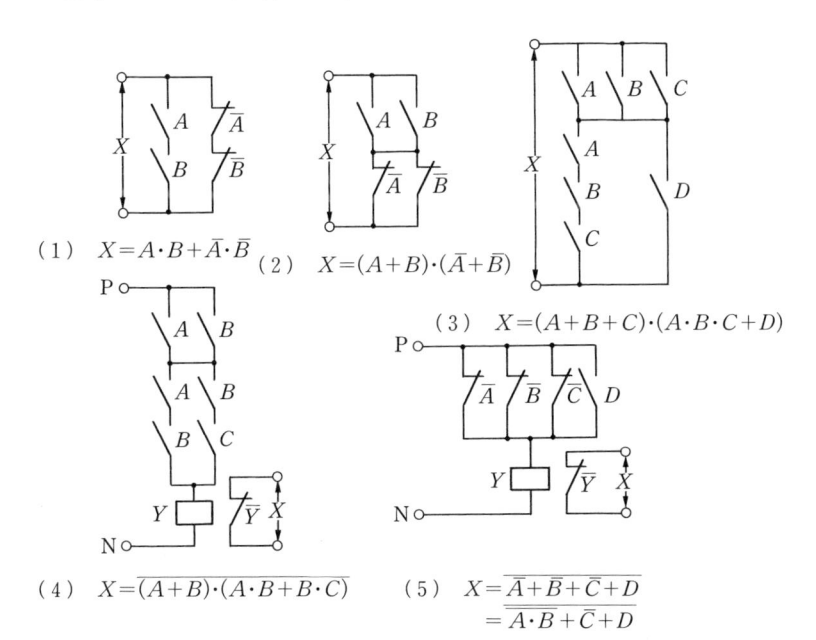

(1) $X=A\cdot B+\bar{A}\cdot\bar{B}$

(2) $X=(A+B)\cdot(\bar{A}+\bar{B})$

(3) $X=(A+B+C)\cdot(A\cdot B\cdot C+D)$

(4) $X=\overline{(A+B)\cdot(A\cdot B+B\cdot C)}$

(5) $X=\overline{\bar{A}+\bar{B}+\bar{C}+D}$
$$=\overline{\bar{A}\cdot B+\bar{C}+D}$$

**解図 5.2** 5.12 の解（リレー回路）

**5.13** まず式を簡単にすると

(1) $X=(A+B)\cdot(\bar{A}+C)\cdot(B+C)$
$$=(A\cdot\bar{A}+A\cdot C+\bar{A}\cdot B+B\cdot C)\cdot(B+C)$$
$$=A\cdot B\cdot C+A\cdot C\cdot C+\bar{A}\cdot B\cdot B+\bar{A}\cdot B\cdot C+B\cdot B\cdot C+B\cdot C\cdot C$$
$$\qquad\qquad\qquad\qquad\qquad\qquad\qquad\text{(5.8 a) より}$$
$$=A\cdot B\cdot C+A\cdot C+\bar{A}\cdot B+\bar{A}\cdot B\cdot C+B\cdot C$$
$$=B\cdot C+\bar{A}\cdot B+A\cdot C \qquad\qquad\text{(5.11 a) より}$$
$$=A\cdot\bar{A}+\bar{A}\cdot B+A\cdot C+B\cdot C$$

$$= (A+B) \cdot (\bar{A}+C) \quad \text{(5.8b) より}$$

(2) $X = A \cdot B + \bar{A} \cdot C + B \cdot C + \bar{B} \cdot C$

$$= A \cdot B + \bar{A} \cdot C + C \cdot (B + \bar{B}) \quad \text{(5.4a) より}$$
$$= A \cdot B + \bar{A} \cdot C + C \quad \text{(5.11a) より}$$
$$= A \cdot B + C$$

(3) $X = \overline{\overline{A \cdot \bar{B}} \cdot \overline{\bar{C}+D}}$

$$= A \cdot \bar{B} \cdot (\bar{C}+D) \quad \text{(5.5) より}$$

(4) $X = (A + \bar{B} \cdot C) \cdot (A + \bar{B} + C) \cdot (A + B + C)$

$$= (A \cdot A + A \cdot \bar{B} + A \cdot C + A \cdot \bar{B} \cdot C + \bar{B} \cdot \bar{B} \cdot C$$
$$+ \bar{B} \cdot C \cdot C) \cdot (A + B + C) \quad \text{(5.8a) より}$$
$$= (A + A \cdot \bar{B} + A \cdot C + A \cdot \bar{B} \cdot C + \bar{B} \cdot C) \cdot (A + B + C) \quad \text{(5.3b) より}$$
$$= (A + A \cdot \bar{B} + \bar{B} \cdot C) \cdot (A + B + C) \quad \text{(5.11a) より}$$
$$= \{A \cdot (1 + \bar{B}) + \bar{B} \cdot C\} \cdot (A + B + C)$$
$$= (A + \bar{B} \cdot C) \cdot (A + B + C)$$
$$= A \cdot A + A \cdot B + A \cdot C + A \cdot \bar{B} \cdot C + B \cdot \bar{B} \cdot C + \bar{B} \cdot C \cdot C \quad \text{(5.8a) より}$$
$$= A + A \cdot B + A \cdot C + A \cdot \bar{B} \cdot C + \bar{B} \cdot C \quad \text{(5.4b) より}$$
$$= A + A \cdot C + \bar{B} \cdot C \quad \text{(5.11a) より}$$
$$= A + \bar{B} \cdot C \quad \text{(5.11a) より}$$

(5) $X = \bar{A} \cdot \bar{B} \cdot \bar{C} + A \cdot B \cdot \bar{C} + A \cdot \bar{B} \cdot \bar{C}$

$$= \bar{B} \cdot \bar{C} \cdot (A + \bar{A}) + A \cdot B \cdot \bar{C} \quad \text{(5.8a) より}$$
$$= \bar{B} \cdot \bar{C} + A \cdot B \cdot \bar{C} \quad \text{(5.4a) より}$$
$$= \bar{C} \cdot (A + \bar{B}) \quad \text{(5.11a) より}$$

リレー回路省略（簡単化した論理式よりリレー回路を作図する。解図5.2参照）

**5.14** (1) $X_1 = (\bar{A}+B) \cdot (B \cdot C + D)$

$$= \bar{A} \cdot B \cdot C + \bar{A} \cdot D + B \cdot C + B \cdot D$$
$$= B \cdot C + D \cdot (\bar{A}+B) \quad \text{(5.11a) より}$$

(2) $X_2 = (A \cdot \bar{B} \cdot C + D \cdot E + C \cdot D) \cdot F + A \cdot \bar{B} \cdot F$

$$= A \cdot \bar{B} \cdot C \cdot F + D \cdot E \cdot F + C \cdot D \cdot F + A \cdot \bar{B} \cdot F$$
$$= A \cdot \bar{B} \cdot F + D \cdot E \cdot F + C \cdot D \cdot F \quad \text{(5.11a) より}$$
$$= F \cdot (A \cdot \bar{B} + C \cdot D + D \cdot E)$$
$$= F \cdot \{A \cdot \bar{B} + D \cdot (C + E)\}$$

(3) $X_3 = A \cdot B + A \cdot \bar{B}$

$$= A \cdot (B + \bar{B})$$
$$= A$$

(4) $X_4 = A \cdot B + B \cdot C + \bar{A} \cdot C$
$= A \cdot B + B \cdot C \cdot (A + \bar{A}) + \bar{A} \cdot C$
$= A \cdot B + A \cdot B \cdot C + \bar{A} \cdot B \cdot C + \bar{A} \cdot C$
$= A \cdot B \cdot (1 + C) + \bar{A} \cdot C \cdot (1 + B)$
$= A \cdot B + \bar{A} \cdot C$

## 6 章

6.1 AND 回路：列車のドアスイッチの回路（すべてのドアが閉まると AND 条件が成立して運転席に表示する）
OR 回路：ワンマンバスの降車を知らせる回路（いずれの席からでも運転席へ知らせることができる）

6.2 解図 6.1 に示す．

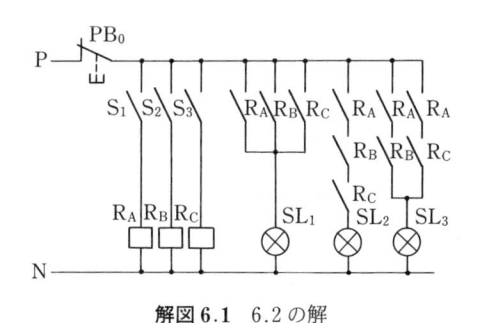

**解図 6.1** 6.2 の解

6.3 解図 6.2 に示す．

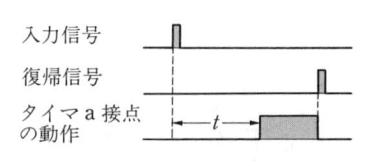

**解図 6.2** 6.3 の解

6.4 解図 6.3 に示す．
6.5 （1） $X = L$　（2） $X = L$　（3） $X = H$　（4） $X = H$
6.6 解図 6.4 に示す．
6.7 解図 6.5 に示す．
6.8 解図 6.6 に示す．

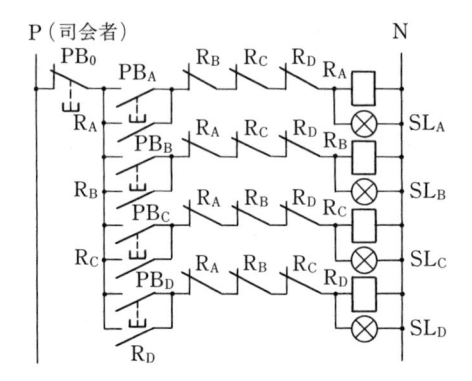

**解図 6.3** 6.5 の解

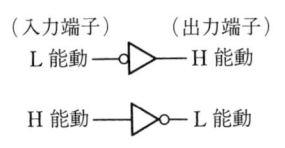

**解図 6.4** 6.6 の解

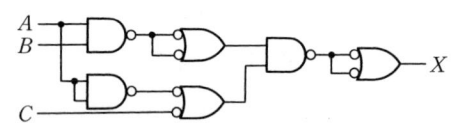

**解図 6.5** 6.7 の解

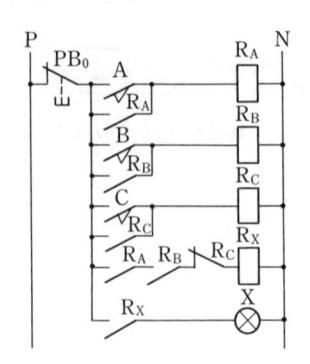

**解図 6.6** 6.8 の解

6.9　$X = \bar{A}\cdot B\cdot C + A\cdot \bar{B}\cdot C + A\cdot B\cdot \bar{C} + A\cdot B\cdot C$
　　　　$= \bar{A}\cdot B\cdot C + A\cdot B\cdot C + A\cdot \bar{B}\cdot C + A\cdot B\cdot C + A\cdot B\cdot \bar{C} + A\cdot B\cdot C$
　　　　$= B\cdot C\cdot(\bar{A}+A) + A\cdot C\cdot(\bar{B}+B) + A\cdot B\cdot(\bar{C}+C)$
　　　　$= A\cdot B + B\cdot C + A\cdot C$

6.10　解図 6.7 に示す。

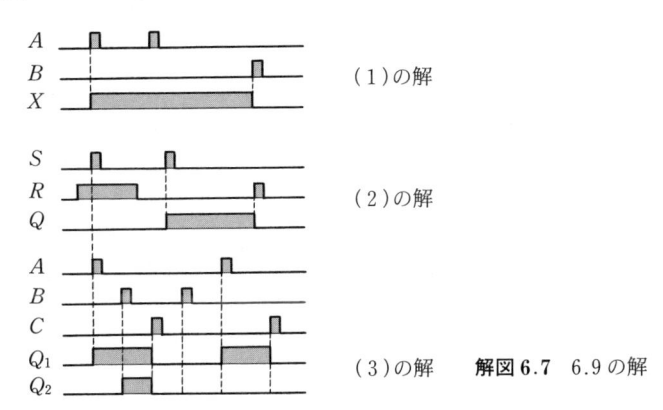

(1) の解
(2) の解
(3) の解　　解図 6.7　6.9 の解

6.11　解図 6.8 に示す。

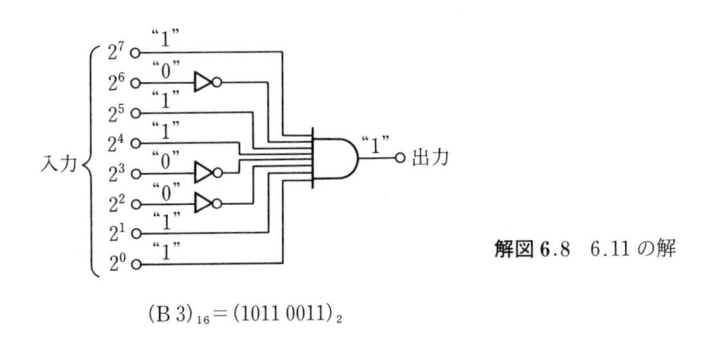

解図 6.8　6.11 の解

$(B3)_{16} = (1011\ 0011)_2$

## 7 章

7.1　プログラマブルコントローラの略称で，入出力部を介して各種の装置を制御するもので，プログラマブルな命令を記憶するため，制御内容の変更や修正が容易である。メモリを内蔵した制御装置で，シーケンス制御用コンピュータともいわれている。

7.2　LD 命令：a 接点を制御母線に接続する命令
　　ANI 命令：b 接点を直列接続する命令

**7.3** 解図 7.1 に示す。

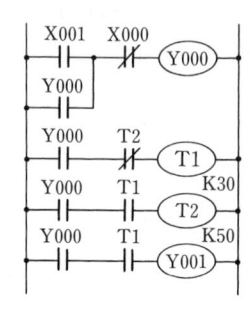

解図 7.1　7.3 の解

# 8 章

**8.1** 始動時の突入電流が定格電流の 5～7 倍となり，電源および電動機に悪影響をおよぼす。

**8.2** a 接点 2 個，b 接点 2 個の接点構成を表す。

**8.3** 一次巻線に印加される相電圧は $1/\sqrt{3}$ 倍，線路電流は 1/3 倍になる。トルクは相電圧の 2 乗にほぼ比例するから，始動トルクも 1/3 倍になる。したがって，無負荷または軽負荷で始動しなければいけない。

**8.4** 始動特性がよい。比例推移の原理を利用して，比較的小さい始動電流で，しかも大きな始動トルクを発生させることができるので重負荷で始動が可能。

**8.5** 主接点 MC を閉じて電動機を始動させるときに，すべての始動抵抗器（$R_1$～$R_3$）が短絡されていないことを確認するための回路である。

　　タイマのはたらきは，速度の上昇とともに $TLR_1$，$TLR_2$，$TLR_3$ の順に時間をおいて作動し，MC 1～MC 3 を動作させて二次抵抗 $R_1$～$R_3$ を順に短絡していく。

**8.6** 主接点 MC-F と MC-R が同時に閉じると，電源の R-T 間を短絡して大変危険である。

**8.7** 解図 8.1 に示す。

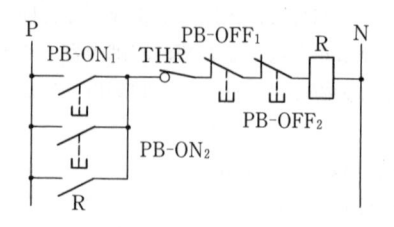

解図 8.1　8.7 の解

# 9 章

**9.1** （1） 入力　停止ボタンスイッチ　　　　（X 000）
　　　　　　　　運転開始ボタンスイッチ　　（X 001）
　　　　　　　　下降開始ボタンスイッチ　　（X 002）
　　　　　　　　下降端リミットスイッチ　　（X 003）
　　　　　　　　上昇端リミットスイッチ　　（X 004）
　　　　出力　ドリル回転出力（Y 000）
　　　　　　　ドリル上昇出力（Y 002）
　　　　　　　ドリル下降出力（Y 001）

（2）　① Y 000　② Y 001　③ Y 002　④ Y 002　⑤ Y 001

（3）　①〜③　自己保持回路　　④〜⑤　インタロック回路

（4）　**解表 9.1** に示す。

**解表 9.1**　9.1（4）の解

| ステップ | 命　令 |  | ステップ | 命　令 |  |
|---|---|---|---|---|---|
| 0 | LD | X 001 | 11 | OUT | T 0 |
| 1 | OR | Y 000 |  | SP | K 20 |
| 2 | ANI | X 000 | 14 | LD | T 0 |
| 3 | OUT | Y 000 | 15 | OR | Y 002 |
| 4 | LD | X 002 | 16 | ANI | X 004 |
| 5 | OR | Y 001 | 17 | ANI | Y 001 |
| 6 | AND | Y 000 | 18 | OUT | Y 002 |
| 7 | ANI | X 003 | 19 | END |  |
| 8 | ANI | Y 002 |  |  |  |
| 9 | OUT | Y 001 |  |  |  |
| 10 | LD | X 003 |  |  |  |

**9.2**　タイマ T 4 がタイムアップすると, 青信号 B 2 が点灯する。同時にタイマ T 5 が始動する。T 5 がタイムアップすると B 2 が消灯し, T 4 が始動する。以下, 同じようにして B 2 の点・滅を繰返す。T 4 が B 2 の消灯時間を, T 5 が点灯時間を計時する。カウンタが点滅回数の設定値に達するとフリッカ回路の動作は終了する。

## 10 章

**10.1** 解図 10.1 に示す。

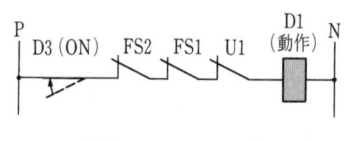

解図 10.1　10.1 の解

**10.2** 解図 10.2 に示す。

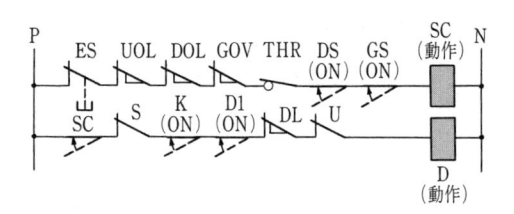

解図 10.2　10.2 の解

**10.3** 解図 10.3 に示す。

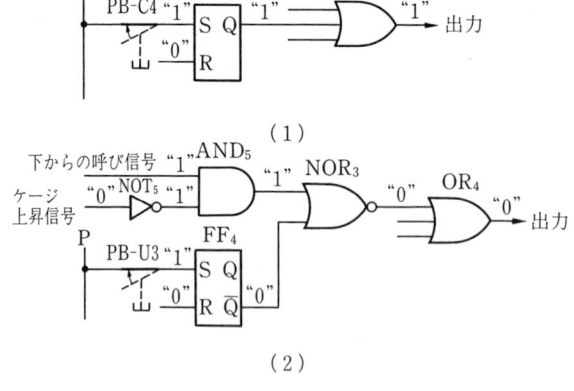

（1）

（2）

解図 10.3　10.4 の解

**10.4** 解図 10.4 に示す。

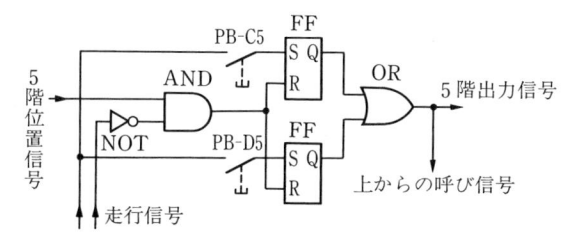

**解図 10.4** 10.5 の解

**10.5** ③列の解　かごが 1 階にあって，上昇させるための準備

PB 1 を押すと，LS 22 で 2 階の扉が開いていないことを確認し，R 0 で非常停止ボタンが押されていないことを確認して，R 1（補助リレー）が動作する。R 1 は自己保持される。

⑭列の解　かごが 2 階にあって，1 階へ下降させる動作
(1)　PB 2 を押すと，③列と同様に安全を確認して，R 2（補助リレー）が動作する。
(2)　LS 21 で 2 階の扉が閉じたことを確認
(3)　LS 1 でかごが 1 階に着床していないことの確認
(4)　MC 6 でかごが上昇中でないことの確認（インタロック）
(5)　(1)〜(4) の AND 条件が成立すると，MC 5 が動作して，かごが下降をはじめる。

**10.6** ステップ 12 番から 16 番まで。

# 11　章

**11.1**　①　入力装置　　②　出力装置　　③　制御装置　　④　演算装置
　　　　⑤　記憶装置
　　　　ⓐ　データバス　　ⓑ　コントロールバス　　ⓒ　アドレスバス

**11.2**　演算回路を構成するレジスタで，周辺装置からデータを入力し，一時記憶して算術演算，論理演算を行い，演算結果を一時記憶して，周辺装置へ出力する。

**11.3**　図 11.7 IC メモリの種類参照。

**11.4**　プログラム制御方式，割込方式，DMA 方式

**11.5**　絶縁形インタフェースのホトカプラなどを MPU と外部機器との間に接続して，ノイズや異常電圧を遮断する。

**11.6**　つぎに示す順序で出力ポートから信号を出す。

$(PA_0) \to (PA_0 \cdot PA_1) \to (PA_1) \to (PA_1 \cdot PA_2) \to (PA_2)$
$\to (PA_2 \cdot PA_3) \to (PA_3) \to (PA_3 \cdot PA_0) \to (PA_0) \to \cdots$

# 索　　引

## 【あ】
アキュムレータ　180
アクチュエータ　36
アップカウンタ　112
圧力スイッチ　22
圧力センサ　19
アドレスバス　180

## 【い】
一致回路　107
移動磁界　56
インストラクションレジスタ　179
インタフェース　183
インタロック　93
インタロック回路　93,107
インバータ　43
インバータ制御　146

## 【う】
渦電流　52
運行指示回路　167

## 【え】
永久磁石形ステッピング
　モータ　58
エレベータ　163
エンコーダ　71,120
演算装置　178,180

## 【お】
横断歩道信号機　161
押しボタンスイッチ　16
オフ・ディレイタイマ　28
オン・ディレイタイマ　28
温度スイッチ　21
温度ヒューズ　33

## 【か】
界　磁　47
界磁制御　51
回転磁界　53
外　乱　5
開ループ制御　5
カウンタ　29
かご形回転子　53
加算回路　115
加算器　115
過電流継電器　31
過電流遮断器　32
可変リラクタンス形ステッ
　ピングモータ　58
カルノー図　77

## 【き】
記憶回路　166
記憶装置　178,182
帰還ダイオード　45
キープリレー　167
キャリヤ　12

## 【き】
切換スイッチ　17
禁止回路　107
近接スイッチ　20
近接センサ　19

## 【く】
空乏層　13
駆動用機器　31

## 【け】
計数回路　112
系統式定周期信号機　156
限時継電器　27
限時動作形　27
限時復帰形　28
検出用機器　18

## 【こ】
高周波発振形近接スイッチ
　　20
交通信号機　156
光電スイッチ　20
光電センサ　19
交流サーボモータ　60
交流電動機　52
コーディング　129
コンデンサモータ
　55,141,153,186
コントロールバス　180
コンバータ　44

## 【さ】

| | |
|---|---|
| サイリスタ | 38 |
| サイリスタインバータ | 45 |
| サーキットブレーカ | 33 |
| 差動変圧器 | 23 |
| サーボ機構 | 59 |
| サーボモータ | 59 |
| サーマルリレー | 32 |
| サーミスタ | 21 |
| 3Eリレー | 33 |
| 三相全波整流回路 | 44 |
| 三相ブリッジ整流回路 | 44 |
| 三相誘導電動機 | 52, 135, 187 |

## 【し】

| | |
|---|---|
| 直入れ始動法 | 135 |
| シーケンス図 | 65 |
| シーケンス制御 | 2 |
| シーケンスプログラミング | 129 |
| 自己保持回路 | 92, 106, 131 |
| 自動感応式系統信号機 | 156 |
| 自動制御 | 1 |
| シフトレジスタ | 122 |
| 10進カウンタ | 114 |
| 周波数変換装置 | 43 |
| 16進数 | 69 |
| 出力装置 | 178 |
| 省エネルギー効果 | 147 |
| 小数キャリヤ | 13 |
| 焦電形センサ | 22 |
| 信号選択, 方向選択回路 | 167 |
| 新入信号優先回路 | 96 |
| 真理値表 | 81 |

## 【す】

| | |
|---|---|
| スイッチング作用 | 12 |

| | |
|---|---|
| ステッピングモータ | 57, 188 |
| ステップ角 | 58 |
| ストレーンゲージ | 22 |
| ストローク | 61 |
| すべり | 53 |
| スリップリング | 54 |

## 【せ】

| | |
|---|---|
| 制　御 | 1 |
| 制御装置 | 178, 180 |
| 制御用機器 | 23 |
| 制御量 | 4 |
| 正　孔 | 13 |
| 正転・逆転制御 | 140 |
| 静電容量形近接スイッチ | 21 |
| 整流子 | 47 |
| 絶縁形インタフェース | 185 |
| セラミックサーミスタ | 21 |
| 全加算器 | 115, 116 |
| 全感応式信号機 | 156 |
| 先行動作優先回路 | 96 |
| センサ | 18 |

## 【そ】

| | |
|---|---|
| 双安定マルチバイブレータ | 109 |
| 操作用機器 | 16 |
| 増幅機能 | 10 |
| 速度制御 | 51 |
| ソリッドステートタイマ | 29 |
| ソレノイド | 60 |
| ソレノイドバルブ | 61 |

## 【た】

| | |
|---|---|
| ダイアック | 42 |
| ダイアフラム | 22 |
| ダイオード | 11 |
| ダイオードマトリクス | 71 |

| | |
|---|---|
| タイマ | 27 |
| タイマ回路 | 94 |
| ダウンカウンタ | 112 |
| タコメータ | 59 |
| 多数キャリヤ | 13 |
| 多数決回路 | 108 |
| 縦書き展開接続図 | 65 |
| 他励電動機 | 50 |
| ターンオン | 40 |
| 単相同期電動機 | 57 |
| 単相誘導電動機 | 55, 141 |

## 【ち】

| | |
|---|---|
| 遅延動作回路 | 94, 132 |
| 中央処理装置 | 178 |
| 直巻電動機 | 48 |
| 直流サーボモータ | 59 |
| 直流電動機 | 46 |

## 【て】

| | |
|---|---|
| ディジタル回路 | 68 |
| ディジタル式タイマ | 29 |
| ディジタル信号 | 68 |
| 定周期信号機 | 156 |
| デコーダ | 72, 120 |
| データバス | 180 |
| 電圧制御 | 51 |
| 電機子 | 47 |
| 電気用図記号 | 64 |
| 電磁開閉器 | 31 |
| 電子カウンタ | 30 |
| 電磁カウンタ | 29 |
| 電子式タイマ | 28 |
| 電磁接触器 | 31 |
| 電磁弁 | 61 |
| 電磁リレー | 24 |
| 電動式タイマ | 28 |
| 電流制限器 | 33 |

## 【と】

| | |
|---|---|
| 同期式カウンタ | 114 |
| 同期速度 | 53 |
| 同期電動機 | 56 |
| トライアック | 41 |
| トランジスタ | 12, 37 |
| トランジスタインバータ | 45 |
| トランスファ接点 | 9 |

## 【に】

| | |
|---|---|
| 2進カウンタ | 113 |
| 2進数 | 69 |
| 2進法 | 69 |
| 2値信号 | 68 |
| 荷物用エレベータ | 174 |
| 入出力機器割付 | 149 |
| 入出力ポート | 180 |
| 入力切換回路 | 107 |
| 入力装置 | 178 |

## 【の】

| | |
|---|---|
| ノーヒューズブレーカ | 33 |

## 【は】

| | |
|---|---|
| 配線用遮断器 | 33 |
| ハイブリッド形ステッピングモータ | 58 |
| バイメタル | 32 |
| バスライン | 180 |
| パルスモータ | 57 |
| パワーリレー | 25 |
| 半加算器 | 115 |
| 半感応式信号機 | 156 |

## 【ひ】

| | |
|---|---|
| 光センサ | 20 |
| ひずみゲージ | 22 |
| ビット | 69 |
| 非同期式カウンタ | 114 |
| ヒューズ | 32 |
| 表示用機器 | 34 |
| ヒンジ形リレー | 9, 24 |

## 【ふ】

| | |
|---|---|
| フィードバック制御 | 4 |
| 復号器 | 72 |
| 複巻電動機 | 50 |
| 符号器 | 71 |
| 普通かご形誘導電動機 | 55 |
| プランジャ | 60 |
| プランジャ形リレー | 25 |
| プリセットカウンタ | 30 |
| フリッカ回路 | 94 |
| フリップフロップ回路 | 109 |
| ブール代数 | 74 |
| ブレークオーバ電圧 | 40 |
| ブレーク接点 | 9 |
| プログラマブルコントローラ | 6, 126, 149 |
| プログラミング | 152 |
| プログラムカウンタ | 179 |
| ブロック線図 | 4 |
| 分岐機能 | 10 |
| 分巻電動機 | 50 |

## 【へ】

| | |
|---|---|
| 閉ループ制御 | 5 |
| 変換機能 | 9 |
| 偏差 | 5 |

## 【ほ】

| | |
|---|---|
| 保護対策 | 152 |
| ホトカプラ | 37 |
| 補数 | 118 |
| ホールモータ | 60 |

## 【ま】

| | |
|---|---|
| マイクロスイッチ | 19 |
| マイクロプロセッサ | 179 |
| 巻線形回転子 | 54 |
| 巻線形誘導電動機 | 55, 137 |
| マグネットスイッチ | 31 |
| マスク ROM | 183 |
| マルチプレクサ | 108 |

## 【む】

| | |
|---|---|
| 無接点シーケンス制御 | 11 |
| 無接点リレー | 11 |

## 【め】

| | |
|---|---|
| メーク接点 | 9 |

## 【も】

| | |
|---|---|
| 目標値 | 5 |

## 【ゆ】

| | |
|---|---|
| 優先回路 | 96 |

## 【よ】

| | |
|---|---|
| 横書き展開接続図 | 65 |

## 【ら】

| | |
|---|---|
| ラダー図 | 128, 149 |

## 【り】

| | |
|---|---|
| リードスイッチ | 26 |
| リードリレー | 26 |
| リミットスイッチ | 19 |
| リレーシーケンス | 7 |
| リレーシーケンス図 | 64 |
| リレーシーケンス制御 | 7 |

## 【る】

| | |
|---|---|
| ルームエアコン | 146 |

## 【れ】

| | |
|---|---|
| レベル変換器 | 184 |

## 【ろ】

| | |
|---|---|
| 漏電遮断器 | 33 |
| 論理回路 | 99 |
| 論理記号 | 99 |
| 論理式 | 74 |
| 論理代数 | 74 |

## 【わ】

| | |
|---|---|
| ワンボードコンピュータ | 178 |

## 【A】

| | |
|---|---|
| A-D 変換器 | 184 |
| AND 回路 | 90, 99 |
| AND 変換 | 104 |
| a 接点 | 8 |

## 【B】

| | |
|---|---|
| b 接点 | 9 |

## 【C】

| | |
|---|---|
| COM | 9 |
| CTR サーミスタ | 21 |
| C 接点 | 9 |

## 【D】

| | |
|---|---|
| D-A 変換器 | 184 |
| D フリップフロップ | 111 |

## 【I】

| | |
|---|---|
| IC メモリ | 182 |
| IEC | 64 |
| I/O ポート | 180 |

## 【J】

| | |
|---|---|
| J-K フリップフロップ | 110 |

## 【L】

| | |
|---|---|
| JIS 規格 | 64 |
| JIS 自動制御用語 | 3 |
| LED | 34 |

## 【M】

| | |
|---|---|
| MIL | 99 |
| MPU | 179 |

## 【N】

| | |
|---|---|
| NAND 回路 | 101 |
| NAND 変換 | 103 |
| NC 接点 | 9 |
| NOR 回路 | 104 |
| NOT 回路 | 91, 100 |
| NOT 変換 | 104 |
| NO 接点 | 9 |

## 【O】

| | |
|---|---|
| OR 回路 | 91, 100 |
| OR 変換 | 104 |

## 【P】

| | |
|---|---|
| P-S 変換器 | 122 |
| PC | 6, 126, 149 |
| PROM | 183 |
| PTC サーミスタ | 22 |
| PWM 制御方式 | 45 |

## 【R】

| | |
|---|---|
| R-S フリップフロップ | 109 |
| RAM | 182 |
| ROM | 182 |

## 【S】

| | |
|---|---|
| S-P 変換器 | 122 |
| SCR | 38 |
| SSR | 42 |

## 【T】

| | |
|---|---|
| T フリップフロップ | 110 |

## 【V】

| | |
|---|---|
| VVVF | 46 |
| VVVF インバータ方式 | 164 |

## 【Y】

| | |
|---|---|
| Y-△（スターデルタ）始動法 | 137 |

―― 著者略歴 ――

1955年　名城大学理工学部電気工学科卒業
1985年　愛知県立春日井工業高等学校教頭
1991年　名城大学付属高等学校講師
2000年　退職

## 新版 シーケンス制御入門
Introduction to Sequential Control　　　　　　　ⓒ Teruo Tsuboi 1973, 1980, 2003

1973年 6月15日　初版第 1刷発行
1979年 1月20日　初版第 6刷発行
1980年 7月 5日　改訂版第 1刷発行
2000年12月15日　改訂版第21刷発行
2003年 4月18日　新版第 1刷発行
2020年 8月10日　新版第 9刷発行

|検印省略|

著　者　　坪　井　照　雄
発行者　　株式会社　コロナ社
　　　　　代表者　牛来真也
印刷所　　三美印刷株式会社
製本所　　有限会社　愛千製本所

112-0011　東京都文京区千石 4-46-10
発行所　株式会社　コロナ社
CORONA PUBLISHING CO., LTD.
Tokyo Japan
振替 00140-8-14844・電話 (03)3941-3131(代)
ホームページ　https://www.coronasha.co.jp

ISBN 978-4-339-03182-9　C3053　Printed in Japan　　　　　　　(富田)

<JCOPY> ＜出版者著作権管理機構 委託出版物＞
本書の無断複製は著作権法上での例外を除き禁じられています。複製される場合は，そのつど事前に，
出版者著作権管理機構（電話 03-5244-5088，FAX 03-5244-5089，e-mail: info@jcopy.or.jp）の許諾を
得てください。

本書のコピー，スキャン，デジタル化等の無断複製・転載は著作権法上での例外を除き禁じられています。
購入者以外の第三者による本書の電子データ化および電子書籍化は，いかなる場合も認めていません。
落丁・乱丁はお取替えいたします。

# 計測・制御テクノロジーシリーズ

(各巻A5判，欠番は品切または未発行です)

■計測自動制御学会 編

| 配本順 | | 書名 | 著者 | 頁 | 本体 |
|---|---|---|---|---|---|
| 1. | (9回) | 計測技術の基礎 | 山﨑 弘郎／田中 充 共著 | 254 | 3600円 |
| 2. | (8回) | センシングのための情報と数理 | 出口 光一郎／本多 敏 共著 | 172 | 2400円 |
| 3. | (11回) | センサの基本と実用回路 | 中沢 信明／松井 利一／山田 功 共著 | 192 | 2800円 |
| 4. | (17回) | 計測のための統計 | 寺本 顕武／椿 広計 共著 | 288 | 3900円 |
| 5. | (5回) | 産業応用計測技術 | 黒森 健一他著 | 216 | 2900円 |
| 6. | (16回) | 量子力学的手法によるシステムと制御 | 伊丹・松井／乾・全 共著 | 256 | 3400円 |
| 7. | (13回) | フィードバック制御 | 荒木 光彦／細江 繁幸 共著 | 200 | 2800円 |
| 9. | (15回) | システム同定 | 和田・奥／田中・大松 共著 | 264 | 3600円 |
| 11. | (4回) | プロセス制御 | 高津 春雄編著 | 232 | 3200円 |
| 13. | (6回) | ビークル | 金井 喜美雄他著 | 230 | 3200円 |
| 15. | (7回) | 信号処理入門 | 小畑 秀文／浜田 望／田村 秀安孝 共著 | 250 | 3400円 |
| 16. | (12回) | 知識基盤社会のための人工知能入門 | 國藤 進／中田 豊久／羽山 徹彩 共著 | 238 | 3000円 |
| 17. | (2回) | システム工学 | 中森 義輝著 | 238 | 3200円 |
| 19. | (3回) | システム制御のための数学 | 田村 捷利／武藤 康彦／笹川 徹史 共著 | 220 | 3000円 |
| 20. | (10回) | 情報数学 ―組合せと整数およびアルゴリズム解析の数学― | 浅野 孝夫著 | 252 | 3300円 |
| 21. | (14回) | 生体システム工学の基礎 | 福岡 豊／内山 孝憲／野村 泰伸 共著 | 252 | 3200円 |

定価は本体価格+税です。
定価は変更されることがありますのでご了承下さい。

図書目録進呈◆

# システム制御工学シリーズ

(各巻A5判，欠番は品切です)

■編集委員長　池田雅夫
■編集委員　足立修一・梶原宏之・杉江俊治・藤田政之

| 配本順 | | | 頁 | 本体 |
|---|---|---|---|---|
| 2.（1回） | 信号とダイナミカルシステム | 足立　修一著 | 216 | 2800円 |
| 3.（3回） | フィードバック制御入門 | 杉江　俊治／藤田　政之 共著 | 236 | 3000円 |
| 4.（6回） | 線形システム制御入門 | 梶原　宏之著 | 200 | 2500円 |
| 6.（17回） | システム制御工学演習 | 杉江　俊治／梶原　宏之 共著 | 272 | 3400円 |
| 7.（7回） | システム制御のための数学(1) ─線形代数編─ | 太田　快人著 | 266 | 3200円 |
| 8. | システム制御のための数学(2) ─関数解析編─ | 太田　快人著 | | |
| 9.（12回） | 多変数システム制御 | 池田　雅夫／藤崎　泰正 共著 | 188 | 2400円 |
| 10.（22回） | 適応制御 | 宮里　義彦著 | 248 | 3400円 |
| 11.（21回） | 実践ロバスト制御 | 平田　光男著 | 228 | 3100円 |
| 12.（8回） | システム制御のための安定論 | 井村　順一著 | 250 | 3200円 |
| 13.（5回） | スペースクラフトの制御 | 木田　隆著 | 192 | 2400円 |
| 14.（9回） | プロセス制御システム | 大嶋　正裕著 | 206 | 2600円 |
| 17.（13回） | システム動力学と振動制御 | 野波　健蔵著 | 208 | 2800円 |
| 18.（14回） | 非線形最適制御入門 | 大塚　敏之著 | 232 | 3000円 |
| 19.（15回） | 線形システム解析 | 汐月　哲夫著 | 240 | 3000円 |
| 20.（16回） | ハイブリッドシステムの制御 | 井村　順一／東　俊一／増淵　泉 共著 | 238 | 3000円 |
| 21.（18回） | システム制御のための最適化理論 | 延瀬　昇／山部　英／沢　共著 | 272 | 3400円 |
| 22.（19回） | マルチエージェントシステムの制御 | 東　俊一／永原　正章 編著 | 232 | 3000円 |
| 23.（20回） | 行列不等式アプローチによる制御系設計 | 小原　敦美著 | 264 | 3500円 |

定価は本体価格+税です。
定価は変更されることがありますのでご了承下さい。

図書目録進呈◆